科學技術叢書

Semiconductor Devices Physics

半導體
元件物理

李嗣涔・管傑雄・孫台平　合著

三民書局

國家圖書館出版品預行編目資料

半導體元件物理／李嗣涔等著.－－初版七刷.－
－臺北市: 三民, 2016
　　面；　　公分.－－(科技叢書)

ISBN 978-957-14-2260-2　　(平裝)

1.半導體

448.65　　　　　　　　　　　　　　84001367

©　半導體元件物理

著 作 人	李嗣涔等
發 行 人	劉振強
著作財產權人	三民書局股份有限公司
發 行 所	三民書局股份有限公司
	地址　臺北市復興北路386號
	電話　(02)25006600
	郵撥帳號　0009998-5
門 市 部	(復北店)臺北市復興北路386號
	(重南店)臺北市重慶南路一段61號
出版日期	初版一刷　1995年3月
	初版七刷　2016年10月
編　　號	S 331330

行政院新聞局登記證局版臺業字第○二○○號

有著作權‧不准侵害

ISBN　978-957-14-2260-2　　(平裝)

序

　　半導體元件及積體電路的蓬勃發展始自 1948 年雙極電晶體的發明，剛開始的時候所用的材料以矽及鍺為主，到了 1960 年代末期，隨著磊晶生長技術不斷的精進，以三五族及二六族化合物半導體為基礎的電子及光電元件也不斷地出現，形成了一個巨大的領域。而一些基礎的半導體元件操作原理在 1960 年代初期已經建立，但是隨著新元件不斷地推陳出新，半導體元件物理的內涵也愈來愈豐富。尤其是到了 1980 年代中期，異質接面雙極電晶體的出現，相當程度的修正了傳統 pn 接面及雙極晶體的電流傳導理論，使人意識到為了掌握未來電子元件發展的關鍵，必須對現有的半導元件物理做一個全面性的，且前後邏輯一致的整理，本書的寫作就是為達到這個目的。

　　這本書可以做為電機工程系、電子工程系、物理系、及材料科學系大四及研一同學修 4 學分「半導體元件物理」課程的教科書。它是我在台灣大學電機工程系上課時所用的講義，經過約 10 年不斷的修正增補而完成。在教書的經驗裏，我發現學生在學習元件物理的過程中，最難掌握住的就是多出載體的運動行為，比如 pn 接面加偏壓以後產生少數載體注入現象或照光以後產生多出電子電洞對，它們在外加或內在電場的影響下如何運動？如何分離？而這些現象卻是了解元件運作的基礎，因此本書第二章中對多出載體動力學用實例做了詳盡的分析。另外一個困惑學生的問題是一般教科書在推導元件的電流傳導理論時，不同的元件用了不同的理論，比如蕭基能障用了熱游子放射理論而 pn 接面卻用了擴散理論來描述元件電流電壓特性。在本書中則把所有傳導理論做了統一的處理，提出"電流平衡"這個觀念作為解決電流傳導的唯一邊界條件。因此任何元件的電流傳導過程都是再兩個階段所組成，第一個階段是經由熱游子放射供應載體的過程，第二個階段是經由擴散或張弛而消耗注入載體的過程，如此一來所有的元件包括異質接面雙極電晶體的電流傳導理論均統一在完整的架構中，而且可解釋所有實驗的結果。至於熱游子放射的傳導現象與傳統的擴散及邊移傳導過程的關係，也在第二章做了詳細的推導及說明，結果發現它們是一體的兩面不可併存。

本書的另一特點是把 1980 年代所發展出來的新元件如調變摻雜場效電晶體 (MODFET)，異質接面雙極電晶體 (HBT)，量子井及疊晶格 (superlattice) 元件也納入做統一的處理，讓讀者可以從最基本的理論出發來了解一些元件領域最新的發展。在取材過程中，我們所強調的仍然是元件的基本物理，它比較不隨時間而改變，而不是詳細地描述某一元件的特殊設計及工作情形。

這本書的完成要感謝許多人包括我的同事、學生及家人，首先這本書的所有插圖都是由管傑雄副教授利用電腦所繪成，在適當的地方生動地表達了所要介紹的物理概念。其次是孫台平博士，他完成了本書第 7.4 節的內容—電荷注入元件，這也是他研究工作的專長，另外全書的打字也是由他負責完成。本書最後的校稿、修訂及補正都是由他們兩人完成。另外本書完成之前的講義曾被林浩雄教授使用做為教材，本書所提出的電流傳導統一理論有部份也來自他的貢獻。其他我所教過的眾多學生對課程內容的回饋與修正在此也一併誌謝。最後我要感謝我的太太鄭美玲，女兒緒磊及兒子緒頡，中文索引的筆劃順序都是由他們完成。

這本書是以中文寫成，算是我個人要求自己對科學中文化盡一份心力的具體實現。最後，我們要感謝三民書局董事長劉振強先生及鄭麗溶小姐對科學中文化的支持。

李嗣涔

於台北市

1995 年 2 月

《目　　錄》

第一章 半導體簡介

1.1 半導體材料

固體的分類可以用室溫時的導電度或電阻係數 ρ (resistivity) 來區分。所謂的半導體就是指 ρ 在 10^{-2} 到 10^4 Ω-cm 之間的材料而言。如圖 1.1 所示是各類的材料與其所相對應 ρ 的範圍。

圖 1.1　依電阻係數爲準的固體分類圖。

決定電阻係數值的主要因素是帶溝 (bandgap) E_g 的有無及其大小，一般而言，金屬及半金屬沒有帶溝，電子濃度大，電阻係數小。而有帶溝之固體在沒有摻以雜質的情況下，E_g 越大，ρ 的值越小。半導體的 E_g 值一般大約是在 3 eV 以下。

1.1.1 晶體結構

帶溝的有無及大小與原子在固體中的排列以及原子間的距離有關。對半導體而言，原子的主要排列方式可分爲下列幾種：

1. 鑽石 (Diamond) 結構

四價元素所形成的半導體，如鑽石、矽、鍺、鉛等都是鑽石結構。它的主要結構是面心立方堆積 (face-centered cubic structure, fcc) 的晶格，而且構成 fcc 晶格的每個起始晶胞 (primitive cell) 內有兩個基底 (basis) 原子，如圖

1.2 兩個標示為 A 之原子即是。每個原子的最鄰近原子數為 4，且原子間的鍵結型式為 sp^3 軌道，因為每個原子可以提供四個價電子，起始晶胞內因而有八個價電子，可形成四個共價鍵。

若以立方晶格的晶格常數 a 作為量測的標準，如圖 1.2 所示，則這兩基底原子一在原點，另一在座標 (1/4, 1/4, 1/4) 上。因此，我們可以用 fcc+{ A(0,0,0), A(1/4, 1/4, 1/4) } 來表示鑽石結構，其中兩個 A 代表基底兩原子為同一類原子。

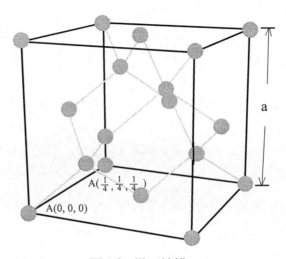

圖 1.2　鑽石結構。

2. 閃鋅 (Zincblende) 結構

如圖 1.3 所示，若將鑽石結構中起始晶胞內的兩個原子，其中一個原子核 (如鍺) 中拿出一個質子及一個中子轉移到另一個原子核中，則這個原子變成 III 價元素 (如鎵)，另外一個則變成 V 價元素 (如砷)，而每個起始晶胞仍保有八個價電子，可形成四個鍵結，這種結構叫閃鋅結構，可以用 fcc+{ A(0,0,0), B(1/4, 1/4, 1/4) } 來表示，其中 A, B 代表基底兩原子為不同類的原子，而所形成的固體，叫做 III-V 價化合物半導體 (compound semiconductor)。在這種化合物中，由於 III 及 V 價元素吸引電子的程度不同，因而原子間的鍵結常帶有極性。同理，若將起始晶胞內的兩個原子換成 II 價及 VI 價元素，則形成 II-VI 價化合物半導體。

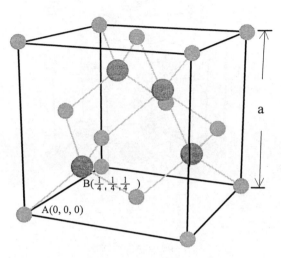

圖 1.3 閃鋅結構。

3. 烏采 (Wurtzite) 結構

並非所有的化合物半導體都形成閃鋅結構，部份的 II-VI 價化合物（如 CdS 及 ZnS）是形成烏采結構，此乃因組成原子的極性過強，空曠的閃鋅結構已不能支撐而導致的相變化。烏采結構是由兩個六方最密堆積 (hexagonal close-packed structure, hcp) 交錯排列而成的，如圖 1.4 所示。若以圖中的三個 $\bar{d}_i$ 向量為基底($i = 1, 2, 3$)，則烏采結構可用 hcp+{ A(0,0,0), B(2/3,1/3,1/8) } 來表示。

4. 氯化鈉 (NaCl) 結構

氯化鈉結構是由兩個面心立方堆積交錯排列而成的，IV-VI 價化合物半導體如 PbS、PbSe、PbTe 等皆具有此種結構。如圖 1.5 所示，若以立方晶格

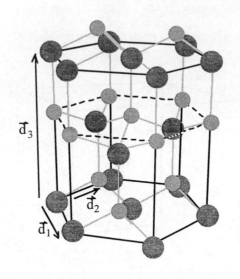

圖 1.4　烏采結構。

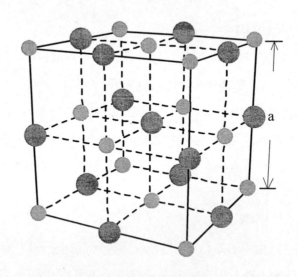

圖 1.5　氯化鈉結構。

的晶格常數作爲標準，則氯化鈉結構可用 fcc+{ A(0,0,0), B(1/2, 0, 0) } 來表示。

1.1.2 半導體的分類

除了用晶體結構來區分半導體外，尚可利用組成元素來分類。如圖 1.6 所示是週期表內 II 價到 VI 價元素，大部份的化合物半導體即是由這些元素組合而成。根據組成元素的種類數目可將化合物半導體分類爲：

II	III	IV	V	VI
	Al	Si	P	S
Zn	Ga	Ge	As	Se
Cd	In	Sn	Sb	Te
Hg				

圖 1.6 週期表上 II 至 VI 價元素。

1.元素半導體

即是由單一元素所組成的半導體，如矽、鍺等。其中，矽是目前工業中最主要的半導體材料，此乃由於矽在地球上的存量豐富，又能在其上長出品質良好的氧化層，適合於做各種元件。它的帶溝大小在室溫爲 1.1 eV，且屬於間接帶溝。鍺則帶溝較小，在室溫只 0.67 eV，暗電流大，且提煉不易，因而用量很少。一般而言，在元素半導體中，晶格常數越大者（如鍺），其帶溝值越小，此乃由於原子間距大，相互原子能階的相斥性小，因而帶溝變小。

2. 二元化合物 (Binary compound)

此乃由兩種元素組合而成的半導體，包括 III-V (如 GaAs)及 II-VI (如 ZnS)價化合物半導體。此種化合物的晶格常數與帶溝的關係類似於元素半導體。就同一 III 或 II 價元素而言，改變化合物的 V 或 VI 價元素，則晶格常數越大者，E_g 越小。唯一例外的是含有 Al 及 Ga 的 III-V 價化合物半導體，Al 的原子較小，但含 Al 的 III-V 價化合物半導體的晶格常數則較大。就週期表中同一列的 IV 價元素、III-V 價及 II-VI 價化合物而言，它們的晶格常數相近，但帶溝相差很大，此乃表示其原子大小相似，但原子間的交互作用力則為不同。

基本上，元素及二元化合物半導體，皆可利用 Czochralski 及 Bridgeman 等兩種方法來長出晶柱，如圖 1.7 (a) 及 (b) 所示。 Czochralski 長晶法是利用加熱器將元素或二元化合物融成液體，另外在一枝往上拉的拉桿上放置一個晶種，藉由拉桿逐漸上拉而冷卻附著在晶種上的液體，並依晶種的晶格型式而結晶，同時旋轉拉桿以增進晶格的均勻度。

Bridgeman 長晶法有兩個維持在不同溫度的加熱區，以 GaAs 為例，如圖 1.7 (b) 所示。第一加熱區維持在 610 至 620 ℃ 之間，第二加熱區則是在 1240 至 1260 ℃之間。前者的溫度是要使砷 (As) 的蒸氣壓略高於 GaAs 在 1240 ℃ 的飽合蒸氣壓，後者的溫度是略高於 GaAs 的熔點。加熱器依圖上箭頭所示的方向相對於放置 Ga+As 液體的船形容器前進。當此船形容器進入第一加熱區時，由於溫度低於 GaAs 的熔點，附著在晶種上的液體則開始結晶，同時砷也保持在超飽和的狀態。很明顯地，由 Czochralski 法所長出的是圓形晶柱，而 Bridgeman 法則長出 D 形晶柱，這也是市面上所能買到的材料。

3. 三元化合物 (Ternary compound)

由三種元素組合而成的半導體，其中包含有 III-III-V (如 AlGaAs)，III-V-V (如 InPAs)，II-II-VI (如 HgCdTe)，II-VI-VI (如 ZnSSe)，I-III-VI (如

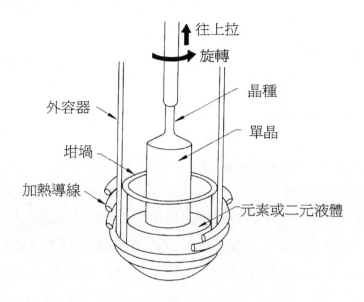

圖 1.7 (a)　Czochralski 長晶法。(錄自：Electronic Materials Science，作者是 J. W. Mayer 及 S. S. Lau)

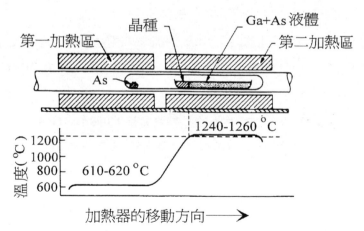

圖 1.7 (b)　Bridgeman 長晶法。(錄自：Semiconductor Devices Physics and Technology，作者是 S. M. Sze)

CuInSe$_2$)，II-IV-V（如 ZnGeAs$_2$ ）等。前四種化合物是將二元化合物中某一元素改以同價的兩種元素取代，而且他們的組成比值和必須等於 1 。若以 A, B 代表 III(II) 價元素，以 C, D 代表 V(VI) 價元素，則三元化合物可以下列式子來表示

$$A_x B_{1-x} C = (AC)_x + (BC)_{1-x} \qquad (1.1)$$

$$AC_y D_{1-y} = (AC)_y + (AD)_{1-y} \qquad (1.2)$$

一般就原子序而言，我們寫的順序是 A < B 及 C < D。在式子 (1.1)及(1.2)等號的右邊即代表著該三元化合物可以認為是用兩種二元化合物依比例混合而成的合金。如 Al$_{0.3}$Ga$_{0.7}$As 可以認為是用 AlAs 及 GaAs 以 0.3與0.7 的比例混合而成。又如 ZnS$_{0.4}$Te$_{0.6}$可以認為是用 ZnS 及 ZnTe 以 0.4與0.6 的比例混合而成。由於三元化合物可認為是由兩種二元化合物混合而成的合金，在實際結構中，此兩種二元化合物常會以成群 (cluster) 的方式存在，破壞了晶格的週期性，而且載體也受到很強的合金散射 (alloy scattering)，使其移動率降低。

　　三元化合物半導體有兩個重要參數，即晶格常數及帶溝。圖 1.8 中的曲線即代表著這二個參數間的關係。每一段曲線的兩個端點，是組成該三元化合物的兩種二元化合物。圖中的橫軸相對應晶格常數，縱軸相對應於室溫下的帶溝。其中的晶格常數，一般而言是與其組成成份成正比，此即所謂的斐格定律 (Vegard law)。例如,InAs 的晶格常數是 6.058Å ，GaAs 的晶格常數是 5.653Å ，則 Ga$_{0.3}$In$_{0.7}$As 的晶格常數是 5.653 x 0.3 + 6.058 x 0.7 ＝ 5.937 Å 。而半導體的帶溝與組成 x 的關係式（係指 Γ 點的直接帶溝而言）可寫成為

$$E_g(x) = a + bx + cx^2 \qquad (1.3)$$

此處的 a 是指 x = 0 時的晶格常數。

　　三元化合物在市面上較難買到，一般都得自己成長。為長出高品質的磊晶 (epitaxy)，首先必須選擇晶格常數匹配的二元化合物的基板 (substrate)，

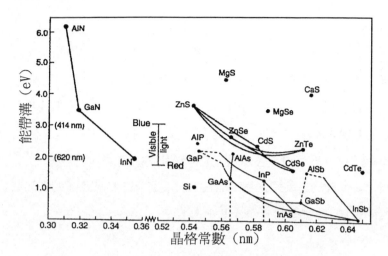

圖 1.8 III-V 及 II-VI 價化合物的帶溝及晶格常數的變化關係圖。(錄自:J. Hecht, Laser Focus World, April 1993)

也就是晶格常數之差得小於 0.5%,否則分界面之缺陷 (defect) 密度會太高,因而造成更多的磊晶差排 (dislocation) 及缺陷密度,降低載體的生命期 (lifetime)。在另一方面,基板的熱膨脹係數也要相近才行,否則即使高溫成長時晶格常數匹配,降回室溫時界面也會因冷縮而拉壞。但近來的研究顯示,有各種生長技術可以克服此種不匹配的問題。比如 GaAs 現可直接長在 Si 上,當然界面很差但藉由側面磊晶 (lateral epitaxy) 及疊晶格磊晶 (superlattice epitaxy) 的方式,仍可長出高品質的晶膜。必要時,也可用接面漸變的方式,故意拉長兩材料之界面長度,以降低分界面的缺陷。

4. 四元化合物 (Quaternary compound)

即由四種元素組合成的半導體,我們可將二元化合物中的各元素,皆以等價的兩種元素來取代,即可得四元化合物。若以 A, B 表示 III(II) 價元素,C, D 表示 V(VI) 價元素,則四元化合物可表為

$$A_xB_{1-x}C_yD_{1-y} = (A_xB_{1-x}C)_y + (A_xB_{1-x}D)_{1-y} \qquad (1.4)$$

$$= [(AC)_x + (BC)_{1-x}]_y + [(AD)_x + (BD)_{1-x}]_{1-y}$$

$$= (AC)_{xy} + (BC)_{(1-x)y} + AD_{x(1-y)} + BD_{(1-x)(1-y)}$$

(1.4) 式中的第一個等式是代表四元化合物可由兩種三元化合物來組成，第二、三等式則表示其亦可由四種二元化合物來組成。亦即在圖 1.8 中，四個二元化合物及其聯線所圍的區域即是四元化合物之所在位置。例如 GaP、InP、InAs 及 GaAs 所圍之區域就是 InGaAsP 四元化合物之位置。

　　四元化合物的主要用途目前是用在光纖通訊上的光源（如 1.3 或 1.55 μm 雷射二極體）及偵測器如 InGaAsP 上。

1.2 佛米級的觀念

　　由半導體的晶格結構，我們可以計算出電子的能帶圖，亦即電子的能階 E 相對應於晶格動量(crystal momentum) k 之關係。如圖 1.9 所示是一般半導體接近帶溝附近的能帶計算結果。其中，一條 E 對 k 的曲線即相當於一個能帶，圖中所示有四個能帶，由能量低到能量高者，它們分別是分離電洞帶 (split-off hole)、輕電洞帶 (light hole)、重電洞帶 (heavy hole) 及導電帶 (conduction band)，前三者又名價電帶 (valence band)。分離電洞帶與輕 (重) 電洞帶在 k = 0 (Γ 點) 的能量差定義為 Δ eV。

　　在溫度為 0 K 時，電子填入這些能帶的方式是由最低能量起依序往上填，而且同一能階最多填入兩個電子(自旋向上及向下者)。就一般半導體而言，每單位晶格內有八個電子，而單位晶格中每兩個電子恰可填滿一個能帶，因此總共可以填滿四個能帶。這四個低能量帶包含了圖 1.9 中的三個價電帶及另一個更低的能帶(圖中並未顯示)。這些填滿電子的能帶，對半導體的導電度並沒有貢獻。但是隨著溫度的昇高，部份價電子可以獲得足夠的熱

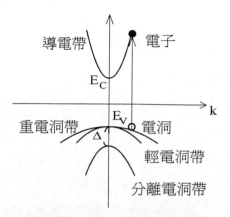

圖 1.9　半導體接近導電帶底端及價電帶頂端之能帶圖。

能，由價電帶躍昇入導電帶，並留下空洞在價電帶上，形成所謂的電洞。那些在導電帶上的電子及價電帶上的電洞，對半導體的導電度就有所貢獻，因此，所謂的帶溝就是指導電帶的最低點及價電帶的最高點之間的能量差。

在溫度為 T 時，導電帶的能階就有機會被電子佔據，同時，價電帶的能階也有可能形成電洞。因此，不論是導電帶或價電帶上的能階 E ，在溫度 T 時，皆有被電子佔據的機會，只是機率高低的不同而已。在理論上，根據電子填入能階的方式，我們可以計算出電子佔用某能階 E 的機率，這個值就是所謂的佛米–狄拉克分佈(Fermi-Dirac distribution) f(E)

$$f(E) = \frac{1}{1 + \exp[(E - E_F)/kT]} \tag{1.5}$$

(1.5) 式中的 k 是波茲曼常數，而 E_F 是佛米級。圖 1.10 所示是佛米–狄拉克分佈函數對能量 E-E_F 的變化圖。當能階的能量等於佛米級時，該能階電子的佔有率為 50%。對於能量甚大於佛米級的能階，電子佔有率非常小；相反地，對能量甚小於佛米級者，電子佔有率非常接近 1，佛米級的位置決定了能帶中電子的佔有率。

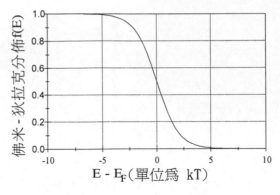

圖 1.10　佛米—狄拉克函數。

1.3　導電載體的密度

　　半導體內電子和電洞的數目與佛米級是密切相關的,因為導電帶電子的佔有率決定了電子的數目;同樣地,電子不佔用價電帶的機率決定了電洞的數目。不論從電子或電洞的數目,我們都可以求出佛米級的位置,而且兩者的答案必須是一致的。但在某些情形下,如僅由電子或僅由電洞來計算則較為容易,我們底下即是討論如何由載體數目來計算佛米級。

　　如果我們先假定佛米級為 E_F,則單位體積內電子的密度 n 為

$$n = \int_{E_C}^{E_{top}} f(E)N(E)dE \tag{1.6}$$

(1.6) 式中的 E_C 是導電帶的最低能量,E_{top} 是導電帶的最高能量,f(E) 是佛米–狄拉克分佈函數,而 N(E) 是單位體積內在能量 E 之能階密度。欲解出能階密度,我們必須回頭研究電子在晶格內的波動函數 (wave function) 所顯示的能階分佈。根據布拉克 (F. Bloch) 所提出的定理,電子在週期性的晶格內,其波動函數 $\psi_k(\bar{r})$ 必為如下的形式

$$\psi_k(\bar{r}) = u_k(\bar{r})\exp(i\bar{k}\cdot\bar{r}) \tag{1.7}$$

其中 $u_k(\bar{r})$ 是個具有晶格週期的週期性函數，其週期為晶格向量，而 $\bar{k}$ 是晶格動量。在此，我們考慮一個長寬高各為 $L_1 L_2 L_3 = V$ 的立方體，且 L_1、L_2 及 L_3 剛好為單位晶格長度的整數倍。假設電子的波動函數在這立方體的邊界上，遵守週期性的邊界條件 (periodic boundary condition)，亦即

$$\psi_k(x+L_1, y+L_2, z+L_3) = \psi_k(x, y, z) \tag{1.8}$$

由於 $u_k(\bar{r})$ 是週期性函數，上式意味著 $\bar{k}$ 必須滿足

$$\exp\{i[k_x(x+L_1)+k_y(y+L_2)+k_z(z+L_3)]\} = \exp\{i[k_x x + k_y y + k_z z]\} \tag{1.9}$$

(1.9) 式在任意 x, y, z 值都必須成立之條件是

$$k_x = \frac{2\pi}{L_1}\ell_1, \qquad k_y = \frac{2\pi}{L_2}\ell_2, \qquad k_z = \frac{2\pi}{L_3}\ell_3 \tag{1.10}$$

此處的 ℓ_1、ℓ_2 及 ℓ_3 都是整數。因此，在動量空間上 k 值量化，每一單位 $(2\pi)^3/L_1 L_2 L_3 = (2\pi)^3/V$ 的體積決定一個 k 值，也就是一個能階，可容納兩個電子，一為自旋向上者，另一為自旋向下者。

由於半導體中的導電電子，大部份是集中在導電帶的最小值附近，因而其能帶結構可以寫為

$$E = E_C + \frac{\hbar^2 k_x^2}{2m_1} + \frac{\hbar^2 k_y^2}{2m_2} + \frac{\hbar^2 k_z^2}{2m_3} \tag{1.11}$$

此式中的 m_1、m_2 及 m_3 分別是 x、y 及 z 軸方向上的有效質量(effective mass)。我們可定義三個新軸

$$k_x' = k_x\sqrt{\frac{m_0}{m_1}}, \qquad k_x' = k_y\sqrt{\frac{m_0}{m_2}}, \qquad k_z' = k_z\sqrt{\frac{m_0}{m_3}} \tag{1.12}$$

式中的 m_0 是自由電子質量，則能帶 E 在 k' 空間上就具有球形對稱

$$E = E_C + \frac{\hbar^2 k_x'^2}{2m_0} + \frac{\hbar^2 k_y'^2}{2m_0} + \frac{\hbar^2 k_z'^2}{2m_0} = E_C + \frac{\hbar^2 k'^2}{2m_0} \tag{1.13}$$

在 k' 及 k 空間中體積轉換的關係式為

$$\Delta k_x' \Delta k_y' \Delta k_z' = \sqrt{\frac{m_0^3}{m_1 m_2 m_3}} \Delta k_x \Delta k_y \Delta k_z \qquad (1.14)$$

由於在 k 空間中每 $(2\pi)^3/V$ 體積有一個能階，因此在 k' 空間中每 $\sqrt{m_0^3/m_1 m_2 m_3}$ $(2\pi)^3/V$ 體積亦有一個能階。

現在我們考慮在 k' 空間中，能量 E 及 E+dE 所包含的總電子數 $N_t(E)dE$。由於能帶具有球形對稱，如圖 1.11 所示，能量 E 及 E+dE 所夾 k' 空間的體積大小為 $4\pi k'^2 dk'$，因此我們有如下的等式

$$N_t(E)dE = 2 \frac{4\pi k'^2 \, dk'}{\sqrt{\frac{m_0^3}{m_1 m_2 m_3}} \frac{(2\pi)^3}{V}} \qquad (1.15)$$

將 k' 及 dk' 改以 E 及 dE 取代，則單位體積內的電子數 N(E)dE 可寫為

$$N(E)dE = \frac{N_t(E)dE}{V} = \frac{\sqrt{2(E - E_C)}}{\pi^2 \hbar^3} (m_1 m_2 m_3)^{1/2} dE \qquad (1.16)$$

式中的 N(E) 是每單位體積內在能量 E 附近單位能量內的能階密度，現在定義 $m_{de} = (m_1 m_2 m_3)^{1/3}$ 為能階密度的有效質量 (density of states effective mass)，假如導電帶在動量空間有 M_C 個相同的最小值，則能階密度就變為

$$N(E) = M_C \frac{\sqrt{2}}{\pi^2 \hbar^3} (E - E_C)^{1/2} m_{de}^{3/2} \qquad (1.17)$$

例如，矽 (Si) 的導電帶最小值在動量空間沿 [100] 方向的 ΓX 軸上，故 M_C = 6；但鍺 (Ge) 的導電帶最小值在沿 [111] 方向的 L 點，有 8 個類似的點，但因跨在布里瓦區(Brillouin zone)邊界上，每點的能階密度只有 (1.16) 式的一半，因此 $M_C = 4$。

既得知能階密度，則電子濃度可表示成

$$n = \int_{E_c}^{E_{top}} M_C \frac{\sqrt{2}}{\pi^2 \hbar^3} (E - E_C)^{1/2} m_{de}^{3/2} \frac{1}{1 + \exp[(E - E_F)/kT]} dE \quad (1.18)$$

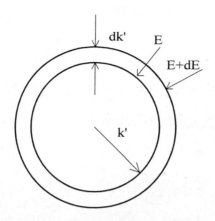

圖 1.11 能量 E 及 E + dE 間所夾動量空間的大小。

由於 E 趨近 E_{top} 時，f(E) 以指數函數的方式趨近 0，因此我們可將上限 E_{top} 改為無窮大，對積分沒有太大影響。若令 x = (E-E_C)/kT，則(1.17) 式可簡化成

$$n = N_C \frac{2}{\sqrt{\pi}} F_{1/2}(\frac{E_F - E_C}{kT}) \qquad (1.19)$$

上式中的 N_C 為

$$N_C = 2\left(\frac{2\pi m_{de} kT}{h^2}\right)^{3/2} M_C \qquad (1.20)$$

被稱為導電帶的有效能階密度。而式中最後的函數

$$F_{1/2}(x_0) = \int_0^\infty \frac{\sqrt{x}}{1 + \exp(x - x_0)} dx \qquad (1.21)$$

則稱之為佛米-狄拉克積分式 (Fermi-Dirac integral)。在非簡併半導體 (nondegenerate semiconductor)中，佛米級落在帶溝內，而且有 (E_C-E_F) / kT >> 1 的關係，因此佛米-狄拉克積分式可簡化成

$$F_{1/2}(\frac{E_F - E_C}{kT}) \approx \exp(\frac{E_F - E_C}{kT}) \int_0^\infty \sqrt{x} \exp(-x)dx = \frac{\sqrt{\pi}}{2} \exp(\frac{E_F - E_C}{kT}) \quad (1.22)$$

則電子濃度可表爲

$$n = N_C \exp(-\frac{E_C - E_F}{kT}) \quad (1.23)$$

此式也說明了 n 與 E_F 一對一的對應關係。

同理，對於電洞濃度 p，我們也可以推導出如下的結果

$$p = N_V \frac{2}{\sqrt{\pi}} F_{1/2}(\frac{E_V - E_F}{kT}) \quad (1.24)$$

式 (1.24) 中的

$$N_V = 2\left(\frac{2\pi m_{dh} kT}{h^2}\right)^{3/2} \quad (1.25)$$

是價電帶的有效能階密度。其中 m_{dh} 的是電洞之能階密度的有效質量，對於非簡併的半導體，(1.24)式可簡化成

$$p = N_V \exp(-\frac{E_F - E_V}{kT}) \quad (1.26)$$

由於價電帶包含了三個能帶（如圖 1.9 所示），因此 (1.26) 式中的 N_V 有三個來源：重電洞帶、輕電洞帶及分離電洞帶。因此

$$N_V = 2\left(\frac{2\pi m_{hh} kT}{h^2}\right)^{3/2} + 2\left(\frac{2\pi m_{\ell h} kT}{h^2}\right)^{3/2} + 2\left(\frac{2\pi m_{sh} kT}{h^2}\right)^{3/2} \exp(-\frac{\Delta}{kT}) \quad (1.27)$$

(1.25) 式 中的 m_{dh} 可由下式計算而得

$$m_{dh}^{3/2} = m_{hh}^{3/2} + m_{\ell h}^{3/2} + m_{sh}^{3/2} \exp(-\frac{\Delta}{kT}) \quad (1.28)$$

由(1.23) 及 (1.26) 式 的相乘積可得

$$pn = n_i^2 = N_C N_V \exp(-\frac{E_g}{kT}) \quad (1.29)$$

此處的 n_i 是半導體的固有(intrinsic)載子濃度，對於純半導體而言，當一個電洞在價電帶形成之時，就有一個自由電子在導電帶產生，因此電洞和電子

的濃度是相同的，n_i 就是代表此情況下的電洞和電子的濃度。但若有雜質加入而提供了多餘的電子或電洞，則兩者的濃度就未必相等。此時的 (1.29) 式仍然成立，因為佛米級的位置決定了電子和電洞的濃度，而 (1.29) 式 與佛米級的位置無關。半導體內此種電子濃度和電洞濃度乘積為定值的現象，稱為群體作用定律 (mass-action law)。

1.4 施體與受體

雜質可影響電子及電洞的濃度，對於能提供電子的雜質，我們稱之為施體 (donor)；對於提供電洞者，則稱之為受體 (acceptor)，表示其能接受電子之意。所謂的雜質就是指異於結晶元素的其他原子而言，因此，某一原子之所以為施體或受體，與其所在的晶格有關。

1.4.1 分類的原則

就四價的元素半導體 (Si、Ge) 而言，假如我們以五價的雜質（如 P、As 及 S 等）來取代部份的四價原子，則多出來的一個電子，就會進入導電帶而成自由電子。如圖 1.12(a) 所示，此五價雜質對元素半導體而言就是施體，而此具有多餘自由電子的半導體，則稱之為 n 型半導體。相反地，假如我們加入三價雜質（如 B、Ga、In 等），由於少了一個電子，價電帶就不是全部填滿，而有電洞的形成，如圖 1.12(b) 所示，此三價雜質對元素半導體而言就變成了受體。而此具有多餘電洞的半導體，則稱之為 p 型半導體。

同理，對於 III-V 價半導體，若加入六價雜質（如 Te、Se、S 等）來取代五價原子的話，則形成 n 型半導體；相反地，若以二價雜質（如 Zn、Cd 等）來取代三價原子的話，則形成 p 型半導體。但是，若加入四價雜質（如 Si、Ge、Sn 等），則依所取代的原子而形成 n 型或 p 型半導體，而取代的過程與晶體生長環境有關。例如用液相磊晶法成長 GaAs 時加入 Si，在高溫時 Si 會取代 Ga 而成 n 型半導體；但在低溫時，Si 則取代 As 而形成 p 型半導體。

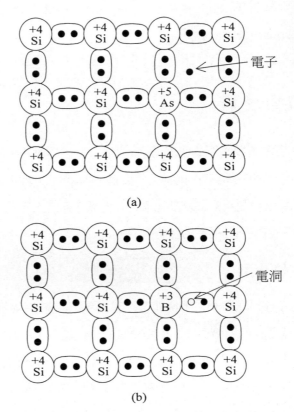

圖 1.12　(a) n 型及 (b) p 型材料的鍵結示意圖。

II-VI 價半導體由於受到電子極性的影響，即使加入很多雜質，但由於會引發材料形成錯位或缺陷，造成補償效應，攙雜效果不是很明顯。因此 II-VI 價半導體通常僅具有一種型態，一般是以 n 型佔多數，p 型較少如 ZnTe 即是。

1.4.2 雜質的能階

　　雜質（如施體）在半導體內的行為，可用一氫原子模型即一電子圍繞正質子運行來描述。如圖 1.12(a) 所示， As 是五價元素，其與鄰近四個 Si 原子形成四個共價鍵。由於共價鍵是共有的，所以，As^{+5} 等於擁有四個價電子，其淨電荷相當於氫原子核，故核外的電子可由氫原子模型來求得能階。但其中的介電質常數，電子的有效質量必須改成半導體之值。亦即該電子的第 n 個能階為

$$E_n = -\frac{m^*e^4}{8\,\epsilon_r^2\,\epsilon_0^2\,h^2}\frac{1}{n^2} = -\frac{13.6}{n^2} \times \frac{m^*}{m_o\,\epsilon_r^2}\,(eV) \qquad (1.30)$$

此處的 m^* 是電子的有效質量， ϵ_r 是半導體的相對介質常數 (relative dielectric constant)， ϵ_0 為真空的介質常數，m_o 為自由電子質量，n 為整數，13.6 eV 為氫原子基態之束縛能。當 n = 1 時，電子是在基態；當 n = ∞ 時，電子已成自由電子，亦即進入導電帶。所以，能階 E_n 的起算點是在導電帶的最低點。圖 1.13 是雜質電子能階的示意圖。假如導電帶最低點的能量是 E_C，雜質電子的基態能階 $E_D = E_C + E_1$。一個軌道可由自旋相反的兩個電子所佔用，當此基態能階有兩個電子(一為向上自旋，另一為向下自旋)時，相當於中性氫原子中多放入一電子,會產生極大的電子間互斥力，因而其電子能階不在 E_D 而上升到 E_-，因此 E_D 上放入一電子後會影響到再放入另一電子的可能性。

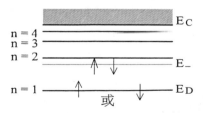

圖 1.13　雜質的電子能階。

對受體雜質而言，情況比較複雜，因爲價電帶頂端之重電洞帶及輕電洞帶重疊，能量一樣，因此雜質之能階計算較複雜。不過我們仍可用 (1.30) 式，而以適當之有效質量 m_h^* 代入。

1.4.3 電子佔據雜質能階的分佈函數

一般而言，系統在熱平衡時的電子數目可由下式求得

$$\langle n \rangle = \frac{\sum N_j e^{-\beta(E_j - E_F N_j)}}{\sum e^{-\beta(E_j - E_F N_j)}} \tag{1.31}$$

此處的 E_j 及 N_j 分別是第 j 種電子分佈狀態的能量及電子總數，而 $\beta = 1/kT$。就施體能階被電子佔據的情形而言，有三種可能的電子分佈狀態。該能階可能不含任何電子，或僅含一自旋向上或向下的電子，或含有自旋相反的兩個電子。第一種情形的能量爲零，第二種及第三種的能量分別是 E_D 及 $E_- + E_D$，電子總數分別是 1 及 2。假設 $E_- + E_D - 2E_F \gg kT$，表示沒有任何一個雜質含有自旋相反的兩個電子，第三種電子分佈可以忽略。而此時的半導體僅含一種雜質，則該雜質含有電子的數目爲

$$\langle n \rangle = \frac{2e^{-\beta(E_D - E_F)}}{1 + 2e^{-\beta(E_D - E_F)}} = \frac{1}{1 + \frac{1}{2}e^{\beta(E_D - E_F)}} \tag{1.31}$$

其中僅含一個自旋向上或向下的電子各算一種電子分佈狀態。假若我們有 N_D 個施體，其中 N_D^o 個含有一個電子（即保持電中性），有 N_D^+ 個未含電子（ $N_D^o + N_D^+ = N_D$ ），以致於導電帶中有 N_D^+ 個電子，則 (1.31) 式即等於 N_D^o / N_D 而且

$$\frac{N_D^+}{N_D} = 1 - \frac{N_D^o}{N_D} = \frac{1}{1 + 2e^{\beta(E_F - E_D)}} \tag{1.32}$$

同理，假如我們有 N_A 個受體，其中有 N_A^- 個未含電洞而致價電帶中有 N_A^- 個電洞，則

$$\frac{N_A^-}{N_A} = \frac{1}{1 + 2e^{\beta(E_A - E_F)}} \tag{1.33}$$

此處我們假設受體能階最多只能被兩個電子所佔據，而不考慮輕及重電洞帶之重疊問題。

1.5 佛米級的位置

前面已經求得電子、電洞的濃度，以及離子化的施體及受體濃度。假如所考慮的施體及受體僅此一類，則佛米級的位置可由以上各帶電粒子的總電荷是中性的而求出

$$n + N_A^- = p + N_D^+ \tag{1.34}$$

亦即

$$N_C \exp\left(-\frac{E_C - E_F}{kT}\right) + \frac{N_A}{1 + 2\exp\left(\dfrac{E_A - E_F}{kT}\right)}$$

$$= N_V \exp\left(-\frac{E_F - E_V}{kT}\right) + \frac{N_D}{1 + 2\exp\left(\dfrac{E_F - E_D}{kT}\right)} \tag{1.35}$$

卜式可用計算機來求解佛米級，或者是利用圖解的方式來求解，，圖 1 14 即是一例；圖中由上而下的斜線，左為電洞固有 (intrinsic) 濃度，右為電子固有濃度隨 E_F 之變化，亦即 (1.35) 式等號右左兩邊的第一項。所謂"固有的"是指起源於導電帶本身，而非外來的 (extrinsic) 雜質（即式中的第二項）所提供。

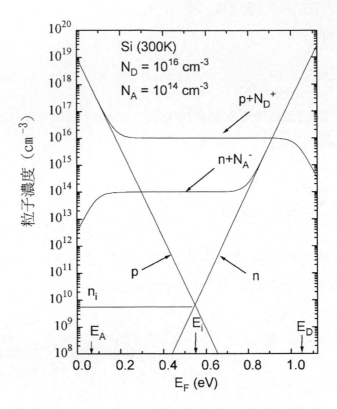

圖 1.14 圖解法求 n。(錄自：W. Shockley, Electrons and Holes in Semiconductors, D. Van Nostrand, Princeton, N. J. 1950)

隨著溫度的變化，電子及電洞的濃度皆會改變。在高溫時 (T > 500 K)，固有的載體濃度可遠大於外來的濃度。以圖 1.14 的 n 型半導體爲例 ($N_D \gg N_A$)，我們可利用 (1.35) 式求得佛米級及電子濃度的近似解。

高溫時的 $n \approx p \gg N_D$，而此時的半導體變成所謂的"固有的"半導體，式 (1.35) 則變爲

$$N_C \exp\left(-\frac{E_C - E_F}{kT}\right) = N_V \exp\left(-\frac{E_F - E_V}{kT}\right) \qquad (1.36)$$

佛米級可解得為

$$E_F = \frac{E_C + E_V}{2} + \frac{3kT}{4} \ell n \left(\frac{m_{dh}}{m_{de} M_C^{2/3}} \right) \tag{1.37}$$

此時佛米級的位置非常接近帶溝的中間。而電子的濃度為

$$n = n_i = \sqrt{N_C N_V} \exp \left(-\frac{E_g}{2kT} \right) \tag{1.38}$$

此處 n_i 即代表固有的濃度。

隨著溫度的降低，電子濃度也跟著減少。當溫度低至電子濃度約等於施體濃度時，由於 $N_A \ll N_D$，(1.35) 式則可寫成

$$N_C \exp \left(-\frac{E_C - E_F}{kT} \right) = N_V \exp \left(-\frac{E_F - E_V}{kT} \right) + \frac{N_D}{1 + 2 \exp \left(\frac{E_F - E_D}{kT} \right)} \tag{1.39}$$

利用圖解法即可求得佛米級的位置。圖 1.14 即是一例，右邊斜線所代表的電子固有濃度，與 (1.39) 式的右邊項所代表點線的交點，即為佛米級的交點，此時的佛米級非常接近施體電子的基態能階。

當溫度降得更低時，電子濃度會降得更少。假設 $N_D \gg n$ 但仍有 $n \gg N_A$，又由於佛米級甚接近於 E_D，我們可推知 $n \gg p$，則 (1.35) 式可簡化成

$$N_C \exp \left(-\frac{E_C - E_F}{kT} \right) = \frac{N_D}{1 + 2 \exp \left(\frac{E_F - E_D}{kT} \right)} \tag{1.40}$$

由於 $N_D \gg n$，上式分母中的 1 可以被忽略，而佛米級可解得為

$$E_F = \frac{E_C + E_D}{2} + \frac{kT}{2} \ell n \left(\frac{N_D}{2N_C} \right) \tag{1.41}$$

即佛米級界於 E_C 與 E_D 之間，而此時的電子濃度是

$$n = \sqrt{\frac{N_C N_D}{2}} \exp\left(-\frac{E_d}{2kT}\right) \qquad (1.42)$$

上式中的 $E_d = E_C - E_D$ 為施體電子的束縛能。

當溫度繼續降低以致電子濃度甚小於 N_A 時，(1.35) 式則變為

$$\frac{N_A}{1 + 2\exp\left(\frac{E_A - E_F}{kT}\right)} = \frac{N_D}{1 + 2\exp\left(\frac{E_F - E_D}{kT}\right)} \qquad (1.43)$$

由於佛米級距離 E_A 甚遠，上式的第一項分母趨近於 1 ，佛米級因而可求得為

$$E_F = E_D + kT\ell n\left(\frac{N_D - N_A}{2N_A}\right) \qquad (1.44)$$

此時，佛米級位於施體基態能階之上，而電子濃度為

$$n = \left(\frac{N_D - N_A}{2N_A}\right)N_C \exp\left(-\frac{E_d}{kT}\right) \qquad (1.45)$$

綜合以上的結果，我們可以畫出電子濃度的對數值對溫度倒數的變化曲線，如圖 1.15 所示。該曲線可依斜率分為四個區域，其中斜率為 $-E_g/2$ 是固有濃度區；斜率為零的是飽和區。當電子濃度甚小於受體濃度時，即斜率由 $-E_d/2$ 變為 $-E_d$ 時，則稱之為凍結 (freeze-out) 區。

當有外來電荷入射時，或因光的激發而產生多餘的電子或電洞時，系統則會處在非熱平衡的狀態。這時候佛米級的位置仍可由當時的電子或電洞濃度來決定，

$$n = N_C \exp\left(-\frac{E_C - E_{Fn}}{kT}\right) \qquad (1.46)$$

$$p = N_V \exp\left(-\frac{E_{Fp} - E_V}{kT}\right) \qquad (1.47)$$

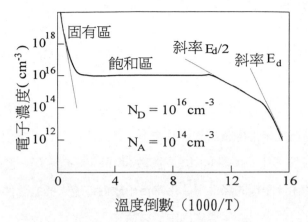

圖 1.15 電子濃度對溫度倒數變化圖。

其中，E_{Fn} 及 E_{Fp} 分別稱為電子及電洞的近似佛米級 (quasi-Fermi level)，又名 (imref) 以別於熱平衡時的佛米級。由於非處熱平衡狀態，兩近似佛米級無須相等，而且 $np \neq n_i^2$。

第二章 載體傳導特性

在半導體中，一般是用波茲曼傳導方程式來推導載體之運動狀況；也就是在位置及動量的相空間 $(\bar{r}, \bar{k})$ 點上，處理佛米-狄拉克 (Fermi-Dirac) 分佈函數 $f(\bar{r}, \bar{k}, t)$ 隨電場、載體梯度及時間而變化之情形。在本章中，我們首先利用電子的熱速度來推導載體的運動情形，藉以說明熱游子放射 (thermionic emission) 電流與傳統的遷移 (drift) 或擴散 (diffusion) 電流係一體的兩面，不可併存，以及在什麼樣的條件下才用熱游子放射電流來描述元件的電流傳導機制。接下來我們再討論半導體內由於電荷注入或光照以後產生的多出載體 (excess carriers) 的運動情形；最後我們考慮多出載體電子電洞對經由帶溝中缺陷能階復合的動力學。

2.1 載體的運動

考慮一半導體兩端有歐姆接點，其帶圖如圖 2.1 所示。每一點電子之分佈均是從 E_C 到導電帶頂端，這些電子具有一定之波向量 $\bar{k}$，也就是具有一定之速度 $\bar{v}_k$ 朝 $\hat{k}$ 之方向前進，其分佈滿足佛米-狄拉克分佈函數。這些電子之運動造成電流。在熱平衡時，半導體任一處由左向右之電流 J_1 與由右向左之電流 J_2 大小相同，而使淨電流為零。J_1 及 J_2 可寫成如下的形式

$$\bar{J}_1 = \int_{Ec}^{\infty} ev_x n(E)dE\hat{x} , \qquad \bar{J}_2 = -\int_{Ec}^{\infty} ev_x n(E)dE\hat{x} \qquad (2.1)$$

這叫做熱游子放射電流，簡稱 TE 電流。如果在半導體上加有電壓，則每個電子被電場所加速而導致平衡被打破。這些被加速的電子會受到晶格散射之影響，而把部份增加之能量傳給晶格帶走而產生聲子 (phonon)，最後電子吸收能量與損失能量之速率趨於一致而達成穩定狀態。這個過程可用一張弛時

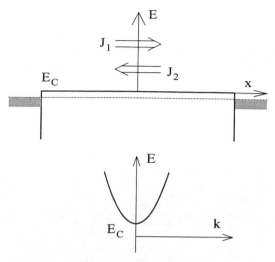

圖 2.1　半導體在熱平衡時的電流及帶結構

間 τ 來代表，叫做張弛時間近似法 (relaxation time approximation)，也就是假設所有電子都是每隔 τ 的時間才遭受一次碰撞，把這段時間加速所獲得之動能損失殆盡，然後與本地的電子分佈達成平衡，再開始受到加速，週而復始，不停的重覆。下面考慮外加定電場或載體分佈不均所造成的電流大小。並假設半導體的結構爲球形對稱 $E - E_C = \hbar^2 \left(k_x{}^2 + k_y{}^2 + k_z{}^2 \right) / 2m^*$，$m^*$ 爲電子的有效質量。

2.1.1　半導體內載體分佈均勻，且加以定電場 $\vec{\varepsilon}$

半導體內加上一定電場 $\vec{\varepsilon}$ 後，其能帶變成圖 2.2 所示。若以 x=0 處之導電帶底端作爲參考能量之零點，先考慮由右向左行之電子流 J_2 之大小，再考慮由左向右之電流 J_1 之大小，兩者之差就是淨電流的大小。若電子在 x>0 位置方向之能量 E_x (定義見圖 2.2) 小於 0，則此電子永遠無法克服電位障而到達 x=0 處。若在 x 處電子之 E_x 爲正，則其速度 $v_x(x)$ 爲

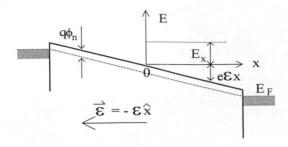

圖 2.2 外加電場的半導體能帶圖。

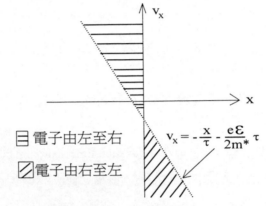

目 電子由左至右

☑ 電子由右至左

$$v_x = -\frac{x}{\tau} - \frac{e\mathcal{E}}{2m^*}\tau$$

圖 2.3 外加電場存在時提供導電電子的相空間。

$$v_x(x) = -\sqrt{\frac{2(E_x + e\mathcal{E}x)}{m^*}} \qquad (E_x + e\mathcal{E}x = \frac{\hbar^2 k_x^2}{2m^*} = \frac{1}{2}m^* v_x^2) \quad (2.2)$$

由 $dx/dt = v_x$，可解出在 τ 時間內，電子由 x 走到另一位置 x' 之大小為

$$x' = x + v_x(x)\tau + \frac{e\mathcal{E}}{2m^*}\tau^2 \tag{2.3}$$

電子從 x(>0) 開始，在 τ 時間內要能向左通過 x=0 平面，必須 x'< 0，亦即

$$v_x(x) \le -\frac{x}{\tau} - \frac{e\mathcal{E}}{2m^*}\tau \tag{2.4}$$

從圖 2.3 的相空間來看，滿足 x>0 及上式之 v_x 的電子必處在右下方黑斜線區內，也就是這些電子才能在 τ 的時間內提供由右向左之電子流 J_2。

在波向量 $\bar{k}$ 空間內，每 $(2\pi)^3$ 之體積內有一能階存在可容納自旋相反的 2 個電子。在速度空間 $\bar{v} = \hbar\,\bar{k}\,/\,m^*$ 內，則為每 $\hbar^3(2\pi)^3\,/\,m^{*3} = h^3\,/\,m^{*3}$ 之體積內有一能階存在，可容納兩個電子。故由右向左之電子流 J_2 可寫為

$$J_2 = \frac{1}{\tau}\int(-e)\frac{2dv_x dv_y dv_z}{h^3/m^{*3}}f(E)dx$$

$$= \frac{-2em^{*3}}{\tau h^3}\int_{-\infty}^{\frac{-e\mathcal{E}\tau}{2m^*}}dv_x\int_0^{-v_x\tau-\frac{e\mathcal{E}}{2m^*}\tau^2}dx\times$$

$$\int_{-\infty}^{\infty}\int_{-\infty}^{\infty}\exp\left[-\frac{e\phi_n}{kT}\right]\exp\left[-\frac{m^*\left(v_x{}^2+v_y{}^2+v_z{}^2\right)}{2kT}\right]dv_y dv_z$$

$$= \frac{e}{\tau}n\left(\frac{m^*}{2\pi kT}\right)^{1/2}\int_{-\infty}^{\frac{-e\mathcal{E}\tau}{2m^*}}\left(v_x\tau+\frac{e\mathcal{E}}{2m^*}\tau^2\right)\exp\left[-\frac{m^*v_x{}^2}{2kT}\right]dv_x \quad (2.5)$$

其中 $n = 2\left(\dfrac{2\pi m^* kT}{h^2}\right)^{3/2}\exp\left[-\dfrac{e\phi_n}{kT}\right]$ 為電子的濃度。

同理對於 $x < 0$ 之電子，在 τ 內要通過 x=0 之平面，則必須 $x' > 0$，亦即

$$v_x(x) \geq \frac{-x}{\tau} - \frac{e\mathcal{E}}{2m^*}\tau \quad (2.6)$$

從圖 2.3 的相空間來看，則為在左上方水平線區域內之電子，故向右之電流密度 J_1 為（與式 (2.5) 相似，僅上下限不同）

$$J_1 = -\frac{e}{\tau}n\left(\frac{m^*}{2\pi kT}\right)^{1/2}\int_{\frac{-e\mathcal{E}\tau}{2m^*}}^{\infty}\left(v_x\tau+\frac{e\mathcal{E}}{2m^*}\tau^2\right)\exp\left[-\frac{m^*v_x{}^2}{2kT}\right]dv_x \quad (2.7)$$

向右的淨電流為 J_1 減去 J_2

$$J = J_1 - J_2 = -\frac{e}{\tau}n\left(\frac{m^*}{2\pi kT}\right)^{1/2}\int_{-\infty}^{\infty}\left(v_x\tau+\frac{e\mathcal{E}}{2m^*}\tau^2\right)\exp\left[-\frac{m^*v_x{}^2}{2kT}\right]dv_x$$

$$= -ne\frac{e\tau}{2m^*}\mathcal{E} = -ne\mu_n\mathcal{E} \quad (2.8)$$

式中的 $\mu_n = e\tau/2m^*$ 是電子的移動率 (mobility)。寫成向量式則變成

$$\vec{J} = ne\mu_n\vec{\mathcal{E}}$$ (2.9)

此電流稱之為遷移電流 (drift current)。

2.1.2 無外加電場，但半導體內載體分佈不均

如圖 2.4 所示，假設剛開始時半導體內摻雜不均，但因時間尚短，半導體內還來不及建立內在電場，在此情況下來考慮電子之運動。在 x 位置之電子具有 v_x 之速度，在 τ 時間內，可以行進到 x'，因電場為零

$$x' = x + v_x\tau$$ (2.10)

故要能通過 x=0 之平面，電子在相空間之位置必須落在圖 2.5 的水平及斜線區內。

假設電子濃度在遭受兩次散射間所移動的平均自由路徑 $(= v_x\tau)$ 內改變很小，則電子濃度可表示為

$$n(x) = n(0) + \left.\frac{\partial n}{\partial x}\right|_{x=0} x$$ (2.11)

向右流動之電子流（水平線區）J_1 為

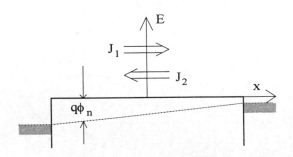

圖 2.4　載體分佈不均的半導體。

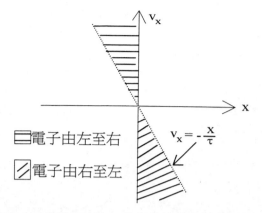

圖 2.5 能在 τ 時間內通過 $x = 0$ 平面的電子在相空間之位置。

$$J_1 = \frac{-e}{\tau}\left(\frac{m^*}{2\pi kT}\right)^{1/2}\int_0^\infty\int_{-v_x\tau}^0\left[n(0)+\frac{\partial n}{\partial x}\bigg|_0 x\right]\exp\left[-\frac{m^* v_x^2}{2kT}\right]dxdv_x$$

$$= -e\left(\frac{m^*}{2\pi kT}\right)^{1/2}\int_0^\infty\left[n(0)v_x - \frac{v_x^2\tau}{2}\frac{\partial n}{\partial x}\bigg|_0\right]\exp\left[-\frac{m^* v_x^2}{2kT}\right]dv_x \quad (2.12)$$

而向左流動之電子流（斜線區）J_2 為

$$J_2 = -e\left(\frac{m^*}{2\pi kT}\right)^{1/2}\int_0^\infty\left[n(0)v_x + \frac{v_x^2\tau}{2}\frac{\partial n}{\partial x}\bigg|_0\right]\exp\left[-\frac{m^* v_x^2}{2kT}\right]dv_x \quad (2.13)$$

故淨電流為

$$J = J_1 - J_2 = e\left(\frac{m^*}{2\pi kT}\right)^{1/2}\int_0^\infty v_x^2\tau\frac{\partial n}{\partial x}\bigg|_0\exp\left(-\frac{m^* v_x^2}{2kT}\right)dv_x$$

$$= \frac{e\tau}{2m^*}kT\frac{\partial n}{\partial x}\bigg|_0 = \mu_n kT\frac{\partial n}{\partial x}\bigg|_0 = eD_n\frac{\partial n}{\partial x}\bigg|_0 \quad (2.14)$$

其中的 D_n 為擴散常數，而 $D_n = kT\mu_n / e$ 為愛因斯基關係式 (Einstein relation)。若寫成向量形式則變為

$$\bar{J} = eD_n\nabla n \quad (2.15)$$

此電流稱之為擴散 (diffusion) 電流。

2.1.3 既有電場，載體分佈也不均勻

當半導體內部載體分佈不均勻時，由於載體會流動而創造出空間電荷，再加上外加電場後，會有總電場 $\vec{\mathcal{E}}$ 出現，這時用上面同樣的觀念可導出電流為

$$\vec{J} = en\mu_n\vec{\mathcal{E}} + eD_n * \nabla n \qquad (2.16)$$

其中的

$$D_n * = D_n(1 + m^*\mu_n^2\mathcal{E}^2 / kT) = D_n(1 + 3\mu_n^2\mathcal{E}^2 / v_{th}^2) \qquad (2.17)$$

v_{th} 是電子均方根熱速度，其值為 $\sqrt{3kT/m^*}$。若遷移速度 (drift velocity) $\mu_n\mathcal{E} << v_{th}$ 則 $D_n * = D_n$。同理，電洞所造成的電流為

$$\vec{J}_p = ep\mu_p\vec{\mathcal{E}} - eD_p\nabla p \qquad (2.18)$$

而全部的總電流，包括電子及電洞電流為

$$\vec{J} = \vec{J}_p + \vec{J}_n \qquad (2.19)$$

本節所推導的結果顯示，如果在熱游子放射的過程中考慮散射效應（即 τ）對電流所造成之影響，則所導出之電流就是傳統之遷移 (drift) 或擴散 (diffusion) 電流。若不考慮散射效應，則所導出之電流就是熱游子放射電流。在第三章中我們將詳細討論在蕭基二極體空乏區內的電流為何可以不考慮散射效應，而直接用熱游子放射電流來描述電流傳導的機制。

2.2 多出載體動力學

當半導體內部由於載體的注入 (如 p-n 接面) 或受到光的照射，除了原有的載體外，均會產生多出載體 (excess carriers)。這些載體的運動決定了元件

的電流電壓特性，因此本節討論的重點就是多出載體動力學，首先考慮連續
方程式。

2.2.1 連續方程式(Continuity equation)

2.2.1.1 電流梯度(Current gradient)

在空間某點的電流梯度若不為零，則會造成該處的載體數目隨時間而變化。以電子的運動為例，如圖 2.6 所示的盒子，代表半導體內一塊小區域，電子流密度為 $\bar{J}_n = J_n(x)\hat{x}$。電荷在盒子內增加的速率等於

$$(-e)\frac{\partial n}{\partial t}Adx = (J_n(x) - J_n(x+dx))A = -A\frac{\partial J_n}{\partial x}dx \tag{2.20}$$

由此我們可得

$$\frac{\partial n}{\partial t} = \frac{1}{e}\frac{\partial J_n}{\partial x} \tag{2.21}$$

若寫成向量形式則為

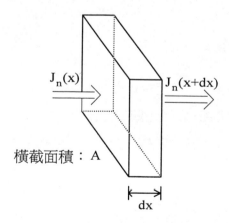

圖 2.6　電流梯度所造成的電荷累積

$$\frac{\partial n}{\partial t} = \frac{1}{e} \nabla \cdot \vec{J}_n \tag{2.22}$$

同理，對電洞而言則爲

$$\frac{\partial p}{\partial t} = -\frac{1}{e} \nabla \cdot \vec{J}_p \tag{2.23}$$

上面兩個式子分別爲電子及電洞的連續方程式，其成立的條件是盒子內的電子及電洞並無產生或復合的現象發生。

2.2.1.2 產生與復合 (Generation and recombination)

在半導體內電子電洞對可經由光、熱，電荷入射而產生，也會經由復合而消滅。假設每單位體積所產生電子或電洞的速率爲 G_i ($i = n$ 或 p)，所復合的速率爲 R_i，因此，連續方程式應該改爲

$$\begin{cases} \dfrac{\partial n}{\partial t} = G_n - R_n + \dfrac{1}{e} \nabla \cdot \vec{J}_n \\[2mm] \dfrac{\partial p}{\partial t} = G_p - R_p - \dfrac{1}{e} \nabla \cdot \vec{J}_p \end{cases} \tag{2.24}$$

2.2.2 連續方程式之分析

一般而言，多出載子的產生及復合大多借由陷阱 (trap) 作爲中間的媒介，陷阱係由雜質或缺陷在帶溝間所形成的能階，這會在後面詳細討論。爲簡化連續方程式，本節做兩項假設，所得之結果只適用在這兩項假設之下。

【假設一】假如陷阱的濃度遠小於多出載體之濃度，則多出電子電洞對之產生與復合的數目會遠多於陷阱內電荷之變化，因此 $G_n \approx G_p \equiv G$，$R_n \approx R_p \equiv R$；即任何時間每產生一個電子必伴隨產生一個電洞，相反亦然。

【假設二】在熱平衡下，半導體內的電子及電洞摻雜均勻。

──

在假設一的條件下，連續方程式變為

$$\begin{cases} \dfrac{\partial n}{\partial t} = G - R + \dfrac{1}{e} \nabla \cdot \bar{J}_n \\ \dfrac{\partial p}{\partial t} = G - R - \dfrac{1}{e} \nabla \cdot \bar{J}_p \end{cases} \tag{2.25}$$

接著，我們詳細討論載子的產生及消滅的行為，然後推導出一完整的多出載子動力方程式。

2.2.2.1 產生與復合

在熱平衡時半導體內保持著穩定狀態不隨時間而改變，故 $\partial / \partial t = 0$，而且 $J_p = J_n = 0$。此時沒有多出載體，而熱產生速率 $G_o =$ 復合速率 R_o，故可以定義此種背景載體而非多出載體的生命期為 τ_{no} 及 τ_{po}，而使得

$$R_o = \frac{n_o}{\tau_{no}} = \frac{p_o}{\tau_{po}} \tag{2.26}$$

在 n 型半導體中，電子濃度遠高於電洞濃度 $n_o \gg p_o$，故 $\tau_{no} \gg \tau_{po}$，表示電子生命週期很長，要花很長之時間才能找到一個電洞復合，在 p 型半導體則反是。

當半導體由於光的照射或電荷的注入而產生多出載體時，電子電洞對之總產生速率 G 則增加一項成為

$$G = G_o + G_{ex} \tag{2.27}$$

G_o 代表熱平衡時的產生速率，G_{ex} 代表因光照射或電荷注入所增加的產生速率。而總復合速率也變為

$$R = R_o + R_{ex} = \frac{n}{\tau_{nt}} = \frac{p}{\tau_{pt}} \tag{2.28}$$

由於有多出載體的緣故，電子及電洞的生命期分別改變成為 τ_{nt} 及 τ_{pt}，其中的 t 是代表全部(total) 之意。這時多出載體的復合速率可以計算出來

$$R_{ex} = \frac{n}{\tau_{nt}} - \frac{n_o}{\tau_{no}} = \frac{p}{\tau_{pt}} - \frac{p_o}{\tau_{po}} \tag{2.29}$$

而連續方程式可簡化成

$$\begin{cases} \dfrac{\partial n}{\partial t} = G_{ex} - R_{ex} + \dfrac{1}{e}\nabla \cdot \vec{J}_n = G_{ex} - (\dfrac{n}{\tau_{nt}} - \dfrac{n_o}{\tau_{no}}) + \dfrac{1}{e}\nabla \cdot \vec{J}_n \\[3mm] \dfrac{\partial p}{\partial t} = G_{ex} - R_{ex} - \dfrac{1}{e}\nabla \cdot \vec{J}_p = G_{ex} - (\dfrac{p}{\tau_{pt}} - \dfrac{p_o}{\tau_{po}}) - \dfrac{1}{e}\nabla \cdot \vec{J}_p \end{cases} \tag{2.30}$$

對 n 型半導體矽而言，若 $n_0 \cong 10^{16} / cm^3 >> p_0 \cong 10^4 / cm^3$，只要增加之多出載體的濃度(例如 $10^{10} / cm^3$)遠小於熱平衡時的濃度，亦即 $\Delta n = n - n_0 << n_0$ (低注入 low injection)，則少數載體電洞所看到之電子數目仍為 n_o，其生命期沒有多大改變，因此 $\tau_{pt} \cong \tau_{po} \equiv \tau_p$，亦即

$$R_{ex} = \frac{p - p_o}{\tau_p} = \frac{\Delta p}{\tau_p} \tag{2.31}$$

對多數載體電子而言，其所看到的電洞數目則大增 ($p_o \rightarrow p_o + \Delta p >> p_o$)，故生命期 $\tau_{nt} << \tau_{no}$，此時我們仍可對多出電子定義一生命期 τ_n

$$R_{ex} = \frac{n}{\tau_{nt}} - \frac{n_o}{\tau_{no}} \equiv \frac{\Delta n}{\tau_n} (= \frac{\Delta p}{\tau_p}) \tag{2.32}$$

也就是對多出載體(電子)之整體而言仍具有某一生命期 $\tau_n (\neq \tau_{nt}, \tau_{no})$，但個別之電子無法定義出生命期之大小，因為產生與消滅之電子可以不為同一個電子。

2.2.2.2 動力學

在描述載體運動的方程式中，有三個未知數出現，亦即電洞 (p)、電子濃度 (n) 以及電場 $\vec{\mathcal{E}}$。$\vec{\mathcal{E}} = (\vec{\mathcal{E}}_{ap} + \vec{\mathcal{E}}_{sp})$ 為外加電場 $\vec{\mathcal{E}}_{ap}$ 及內在的空間電荷電

場 (space charge field) $\vec{\mathcal{E}}_{sp}$ 之和。外加電場由外加電壓所產生，與內部電荷無關，而空間電荷電場是由半導體內部之空間電荷 (space charge) 所產生，屬於未知量，故需三個方程式來解這三個未知數。而 (2.30) 式僅含兩個方程式，故必須加上決定空間電荷電場的 Poisson 方程式，而使得描述多出載體的動力學更為完整，僅考慮一度空間之方程式

$$\begin{cases} \dfrac{\partial n}{\partial t} = G - \dfrac{\Delta n}{\tau_n} + D_n \dfrac{\partial^2 n}{\partial x^2} + \mu_n \dfrac{\partial}{\partial x}(n\mathcal{E}) \\[2mm] \dfrac{\partial p}{\partial t} = G - \dfrac{\Delta p}{\tau_p} + D_p \dfrac{\partial^2 p}{\partial x^2} - \mu_p \dfrac{\partial}{\partial x}(p\mathcal{E}) \\[2mm] \dfrac{\partial \mathcal{E}}{\partial x} = \dfrac{\partial \mathcal{E}_{sp}}{\partial x} = \dfrac{\rho}{\in} = \dfrac{e(\Delta p - \Delta n)}{\in} \end{cases} \qquad (2.33)$$

其中 $\partial \mathcal{E}_{ap} / \partial x = 0$，因為外加電場與內部空間電荷 ρ 無關。此時 G 即為 (2.30) 式中之 G_{ex}，為簡化起見，以後的下標 ex 均省略，$\in$ 為半導體之介質常數。由假設二知如果在熱平衡時，電子及電洞摻雜均勻，則 $\partial n_0/\partial x = \partial p_0/\partial x = 0$。將 (2.33) 式中的第三式代入其他各式則可簡化成

$$\begin{cases} \dfrac{\partial \Delta n}{\partial t} = G - \dfrac{\Delta n}{\tau_n} + D_n \dfrac{\partial^2 \Delta n}{\partial x^2} + \mu_n \mathcal{E} \dfrac{\partial \Delta n}{\partial x} + \dfrac{\sigma_n}{\in}(\Delta p - \Delta n) \\[2mm] \dfrac{\partial \Delta p}{\partial t} = G - \dfrac{\Delta p}{\tau_p} + D_p \dfrac{\partial^2 \Delta p}{\partial x^2} - \mu_p \mathcal{E} \dfrac{\partial \Delta p}{\partial x} - \dfrac{\sigma_p}{\in}(\Delta p - \Delta n) \end{cases} \qquad (2.34)$$

式中的 $\sigma_n = ne\mu_n$ 及 $\sigma_p = pe\mu_p$ 分別是電子及電洞的導電度。

在一般半導體中，(2.34) 式可以推導出一個非常重要的物理現象，叫做電荷中性 (charge neutrality)，它決定了整個多出載體的運動行為，底下是以 n 型半導體為例來考慮實際之狀況。

〔例〕假設半導體為 n 型 GaAs，其參數值如下

$$\begin{cases} \tau_p \approx \tau_n \approx 10^{-8} \text{ sec} \\ \mu_n = 6000 \ \ \text{cm}^2 / V - \sec, \ \ \mu_p = 400 \ \ \text{cm}^2 / V - \sec \\ D_n \approx 150 \ \ \text{cm}^2 / \sec, \ \ D_p = 10 \ \ \text{cm}^2 / \sec \\ L_n = \sqrt{D_n \tau_n} \approx 12 \ \ \mu m, \ \ L_p = 3.3 \ \ \mu m \\ \in = \in_r \in_o \approx 10^{-12} F / \text{cm}, \ \ n_0 = 10^{15} / \text{cm}^3, \ \ \dfrac{\sigma}{\in} \approx 10^{12} / \sec \end{cases}$$

則導電度 $\sigma_n \approx 1 \ (\Omega - cm)^{-1}$。現在 x = 0 點，時間 t = 0 時注入一些電子或電洞，茲分別討論其行為如下：

(A) 入射為電子，其濃度 $\Delta n \ll n_o$

　　在 $t > 0_+$ 時逐項考慮 (2.34) 式中每一項的大小，僅留下最大的項來探討多出載體的運動情形：

(i)由於電子僅在 t = 0 時入射，並非持續入射，故在 $t > 0_+$ 時 G=0。因為入射的載體僅有電子，假若我們所考慮的是在 $t = 0_+$ 的瞬間，電洞的數目尚未來得及變化，故有 $\tau_{nt} = \tau_{no}$，而 (2.32) 式則變為

$$R = \frac{n}{\tau_{nt}} - \frac{n_o}{\tau_{no}} = \frac{\Delta n}{\tau_{no}} \tag{2.35}$$

由於 $\tau_{no} = \tau_{po} \dfrac{n_o}{p_o} \gg \tau_{po} \cong \tau_p = 10^{-8} \sec$，故 R 的數量級遠小於 $10^8 \Delta n$，比起底下所討論的每一項都小得很多，故可以忽略掉。

(ii) 假設最初注入之多出載體呈高斯函數之分佈 $\Delta n(x) \sim \exp(-x^2 / L^2)$，其中的 $L = 2\sqrt{D_n t}$ 為擴散長度，則對於 x 的微分可改以 L 來表示

$$\frac{\partial}{\partial x} \to \frac{2x}{L^2}, \quad \frac{\partial}{\partial x^2} \to \frac{-2}{L^2} + \frac{4x^2}{L^4} \sim \frac{-2}{L^2}\left(1 - \frac{2x^2}{L^2}\right) \tag{2.36}$$

假設所考慮的 x < L，則 (2.34) 式中有關電子的方程式，其等號右邊的第三項可約略寫成

$$\left| D_n \frac{\partial^2 \Delta n}{\partial x^2} \right| \to \left| \frac{2D_n}{L^2} \right| \Delta n \tag{2.37}$$

其數量取決於 L 的大小，

$$
若 \quad L = \begin{cases} 10^{-6}\,cm = 100\,\overset{\circ}{A} \\ 10^{-5}\,cm = 1000\,\overset{\circ}{A} \\ 10^{-4}\,cm = 10000\,\overset{\circ}{A} \end{cases} \qquad 則 \quad \frac{2D_n}{L^2} = \begin{cases} 3x10^{14} \\ 3x10^{12} \\ 3x10^{10} \end{cases}
$$

在 t = 0$_+$ 附近時，當 L 還很小時，本項最為重要；但是隨著時間的增長，L = ($2\sqrt{Dt}$) 值愈來愈大，其重要性遞減。

(iii) 電場 $\vec{\varepsilon}_{sp}$ 是由空間電荷而建立，D 為電場密度，A 為樣本橫截面積。考慮寬 x 之盒子包圍住呈高斯分佈的多出電子，則由高斯定律得 2AD ≈ eΔnAx，其中的 2 是因為包括了通過在 +x/2 及 -x/2 兩個截面之電通量。所以，空間電場的強度可寫為

$$
\varepsilon_{sp} = \frac{D}{\in} = \frac{e\Delta n}{2\in} x \tag{2.38}
$$

一般而言，x 皆取小於 L 的數值。綜合 (ii) 及 (iii) 的結果，可大略估計出 (2.34) 式等號右邊第四項，其中導源於空間電荷的大小為

$$
\mu_n\varepsilon_{sp}\frac{\partial\Delta n}{\partial x} \to \mu_n\varepsilon_{sp}\Delta n\frac{2x}{L^2}
$$

$$
= \frac{\mu_n e\Delta n}{2\in}\frac{2x^2}{L^2}\Delta n = (\frac{\Delta\sigma}{\in}\frac{x^2}{L^2})\Delta n \le \frac{\Delta\sigma}{\in}\Delta n << \frac{\sigma_n}{\in}\Delta n
$$

其中 Δσ = Δneμ$_n$ 為多出電子所提供的導電度，其值遠小於原有的導電度 σ$_n$ = n$_o$eμ$_n$。另外，還有起源於外加電場 ε_{ap} 的遷移項。在一般半導體中合理之電流密度 (J=σε) 為小於 100 A/cm^2，由此可估算出電場強度 $\varepsilon - J / \sigma \approx 10^2 V / cm$。所以，外加電場 ε_{ap}所造成的影響為

$$
\mu_n\varepsilon_{ap}\frac{\partial\Delta n}{\partial x} \to \left(\frac{2x}{L}\right)\frac{\mu_n\varepsilon_{ap}}{L}\Delta n \to \frac{6000x10^2}{10^{-5}}\left(\frac{2x}{L}\right)\Delta n \approx 6x10^{10}\Delta n
$$

(iv) (2.34) 式中的最後一項是張弛項 (relaxation)，由參數值可算出

$$\frac{\sigma_n}{\in}(\Delta p - \Delta n) \approx 10^{12}(\Delta p - \Delta n)$$

遠大於第 (iii) 項內的遷移項。

綜合以上結果得知，當入射電子分佈範圍 L 超過 1730Å ，或當初入射範圍很小，但經過 $t \approx 5 \times 10^{-13} \sec = 0.5$ ps 後 $(L = 2\sqrt{Dt} \approx 1.7 \times 10^{-5} \text{cm})$ ，(2.34) 式右邊最後一項張弛項將占絕對優勢，也就是連續方程式在 1 ps 以後可簡化寫成

$$\begin{cases} \dfrac{\partial \Delta n}{\partial t} \approx \dfrac{\sigma_n}{\in}(\Delta p - \Delta n) \\[3mm] \dfrac{\partial \Delta p}{\partial t} \approx -\dfrac{\sigma_p}{\in}(\Delta p - \Delta n) - \mu_p \mathcal{E} \dfrac{\partial \Delta p}{\partial x} + D_p \dfrac{\partial^2 \Delta p}{\partial x^2} \end{cases} \qquad (2.39)$$

(2.39) 式中第二式，由於 $\sigma_p << \sigma_n$ ，故右式第一項並不是很大，不能直接把後面第二及第三項忽略。若將 (2.39) 第二式減去第一式，則後面兩項比 σ_n 項小得太多可以忽略而得

$$\frac{\partial(\Delta p - \Delta n)}{\partial t} = \frac{\partial \Delta}{\partial t} = -\left(\frac{\sigma_p + \sigma_n}{\in}\right)\Delta = -\frac{\sigma}{\in}\Delta \qquad (2.40)$$

其中 $\Delta \equiv \Delta p - \Delta n$ ， $\sigma \equiv \sigma_p + \sigma_n$ = 半導體之總導電度。解此微分方程得

$$\Delta(t) = \Delta(0)\exp\left(-\frac{\sigma}{\in}t\right) = -\Delta n(0)\exp\left(-\frac{\sigma}{\in}t\right) \qquad (2.41)$$

因為 $\Delta(0) = \Delta p(0) - \Delta n(0) = -\Delta n(0)$ ，而且 $\in/\sigma = 10^{-12} \sec$ ，故 $\triangle(t)$ 在 幾個 ps 以後，以指數方式消失得無影無蹤。

又由 (2.39) 式中的第一式得

$$\frac{\partial \Delta n}{\partial t} = \frac{\sigma_n}{\in}\Delta(t) = -\frac{\sigma_n}{\in}\Delta n(0)\exp\left(-\frac{\sigma}{\in}t\right) \qquad (2.42)$$

從 0 到 t 積分此式後可得

$$\Delta n(t) - \Delta n(0) = \frac{\sigma_n}{\sigma} \Delta n(0) \left[\exp\left(-\frac{\sigma}{\epsilon} t \right) - 1 \right] \tag{2.43}$$

故當 t 趨近於無窮大時，

$$\Delta n(\infty) = \Delta n(0) \left[1 - \frac{\sigma_n}{\sigma} + \frac{\sigma_n}{\sigma} \exp\left(-\frac{\sigma}{\epsilon} t \right) \right] = \Delta n(0) \frac{\sigma_p}{\sigma} \to 0$$

故在 n 型半導體中，注入少許多數載體電子，則這些電子將在幾個張弛時間 ϵ/σ 內消失，而出現在半導體表面或接點上。

(B) 若當初注入一些少數載體電洞，且 $\Delta p \ll n_o$

　　前面之討論仍成立，$\Delta(t)$ 之解仍爲 (2.41) 式，只不過 $\Delta(0) = \Delta p(0)$。因此可得

$$\frac{\partial \Delta n(t)}{\partial t} = \frac{\sigma_n}{\epsilon} \Delta p(0) \exp\left(-\frac{\sigma}{\epsilon} t \right) \tag{2.44}$$

積分後得

$$\Delta n(t) = \frac{\sigma_n}{\sigma} \Delta p(0) \left[1 - \exp\left(-\frac{\sigma}{\epsilon} t \right) \right] \tag{2.45}$$

因 $\Delta n(0) = 0$，故 $t \to \infty$ 時

$$\Delta n(\infty) = \frac{\sigma_n}{\sigma} \Delta p(0) \approx \Delta p(0) \tag{2.46}$$

由上面的例子，我們可以得出三個重要結論：

(1) 在 n 型半導體中，注入一些多數載體電子，則在幾個張弛時間 ϵ/σ 內，電子將消失不見而出現在半導體表面或接點上。若注入的是電洞，則將吸引同數量之電子來把電洞遮蔽 (screening)，這種效應叫做電荷中性 (charge neutrality)。

(2) 在半導體中，只要導電度不太低 $\sigma \geq 10^{-4}(\Omega-\text{cm})^{-1}$，則 $\Delta p \cong \Delta n$ 或 $\left|(\Delta p - \Delta n)/\Delta n\right| << 1$ 在穩定狀態下恆成立。

(3) 遮蔽或消失現象發生的物理過程是由於空間電荷的出現導致電場產生梯度 $(\partial \mathcal{E}/\partial x)$，電流也產生梯度，進而造成電荷的抵消，因此減弱了 $\partial \mathcal{E}/\partial x$，也就是減少空間電荷，造成電荷中性。

2.3 Ambipolar 擴散方程式

上節中，雖然由於電荷中性之緣故 $\Delta p \approx \Delta n$，但因係數 $\sigma_n/\in$ 很大，故該項 $(\Delta p - \Delta n)\sigma_n/\in$ 不能隨便忽略。若由 (2.34) 式中的第一式乘以 σ_p 加上第二式乘以 σ_n，且令 $\Delta p \approx \Delta n$，$\tau_n = \tau_p = \tau$ 則可得

$$\frac{\partial \Delta n}{\partial t} = G - \frac{\Delta n}{\tau} + D^* \frac{\partial^2 \Delta n}{\partial x^2} + \mu^* \mathcal{E} \frac{\partial \Delta n}{\partial x} \qquad (2.47)$$

上式中的

$$D^* = \frac{(n+p)D_n D_p}{nD_n + pD_p} \ \text{及} \ \mu^* = \frac{(p-n)\mu_n \mu_p}{n\mu_n + p\mu_p} \qquad (2.48)$$

(2.47) 式稱之為 Ambipolar 擴散方程式，為描述電荷中性條件下，多出載體的運動行為。其特性列述如下：

(1) 低注入 (low injection) 情況

考慮一 p 型半導體 ($p_o >> n_o$)，由於為低注入，故 $\Delta n << p_o$ 因 $n = n_o + \Delta n << p = p_o + \Delta p \approx p_o$，則 D^* 及 μ^* 可簡化成

$$\begin{cases} D^* \cong \dfrac{P_o D_n D_p}{P_o D_p} = D_n \\[2mm] \mu^* \cong \dfrac{P_o \mu_p \mu_n}{P_o \mu_p} = \mu_n \end{cases} \qquad (2.49)$$

而 (2.47) 式變為

$$\frac{\partial \Delta n}{\partial t} \equiv G - \frac{\Delta n}{\tau} + D_n \frac{\partial^2 \Delta n}{\partial x^2} + \mu_n \mathcal{E} \frac{\partial \Delta n}{\partial x} \tag{2.50}$$

令人注意的是此式與多數載體電洞之性質無關。所以，在外來的 (extrinsic) 材料，低注入的狀況下，多出載體之運動是由少數載體所決定。

(2) 高注入 (high injection) 情況

仍考慮 p 型半導體 $p_o \gg n_o$ 且 $\Delta n \gg p_o$，此時

$p = p_o + \Delta p = \Delta p = \Delta n = n$ 或

$$\left| \frac{p-n}{p} \right| = \left| 1 - \frac{\Delta n}{p_o + \Delta p} \right| = \left| \frac{p_o}{\Delta p} \right| \ll 1 \tag{2.51}$$

D^* 及 μ^* 可簡化成

$$\begin{cases} D^* = \dfrac{2D_n D_p}{D_n D_p} \\ \mu^* \approx \dfrac{p-n}{p} \dfrac{\mu_p \mu_n}{\mu_n + \mu_p} (\ll \dfrac{\mu_p \mu_n}{\mu_n + \mu_p}) \approx 0 \end{cases} \tag{2.52}$$

而 (2.47) 式變為

$$\frac{\partial \Delta n}{\partial t} \equiv G - \frac{\Delta n}{\tau} + D^* \frac{\partial^2 \Delta n}{\partial x^2} \tag{2.53}$$

此式表示即使有電場存在，也不會影響載體分佈。此乃因在電場影響下，電子電洞朝相反方向分開，產生空間電荷，及電荷遮蔽效應，迫使兩者又均向對方移動，互相平衡，故淨移動為零。

現在我們來看看幾個應用 Ambipolar 方程式的實例：

【例一】 如圖 2.7 所示，考慮少數電子入射 p 型半導體，而電子的產生方式有二：(1) 由於高能光子 (hν ≥ 3.5 eV) 被吸收在樣本表面而產生一薄層之多

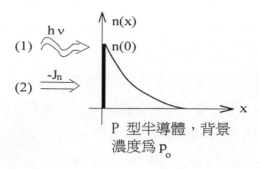

圖 2.7　電子注入射半導體：(1) 由光產生；(2) 由電流入射。

出載體 $\Delta n(0)$，並進而擴散進入樣本內部；(2) 一電子流 $\bar{J}_n = -J_n(0)\hat{x}$ 從左方注入，x=0 處可看做 np 接面中 p 之空乏區邊界。

假設注入之載體 $\Delta n(0) << p_o$ 為低注入 (low injection) 情況。則在穩定狀態下由 (2.50) 式可得

$$\frac{\partial \Delta n}{\partial t} = 0 = G - \frac{\Delta n}{\tau} + D_n \frac{\partial^2 \Delta n}{\partial x^2} + \mu_n \varepsilon \frac{\partial \Delta n}{\partial x} \tag{2.54}$$

其中全部電場 $\varepsilon = \varepsilon_{ap} + \varepsilon_{sp}$，先假設 ε_{ap} 很小，亦即遷移 (drift) 電流遠小於擴散 (diffusion) 電流，並先忽略 $\mu_n \varepsilon_{sp} \frac{\partial \Delta n}{\partial x}$ 項，事後再檢驗其正確性，也就是右邊最後一項先去掉。另外在半導體內部 x>0 處之產生速率 G=0，由此在兩種假設狀況下可解得

(1) $\Delta n(x) = \Delta n(0) \exp\left(-\frac{x}{L_n}\right)$ \hfill (2.55)

其中的 $L_n = \sqrt{D_n \tau}$ 。

(2) 之邊界條件為

$$-J_n(0) = eD_n \frac{\partial \Delta n(x)}{\partial x}\bigg|_{x=0} \tag{2.56}$$

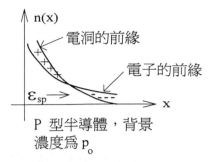

P 型半導體，背景
濃度為 p_o

圖 2.8 因電子及電洞的擴散常數不同而產生空間電荷及空間電場 $\vec{\varepsilon}_{sp}$。

故得

$$\Delta n(x) = \frac{L_n}{eD_n} J_n(0) \exp\left(-\frac{x}{L_n}\right) \tag{2.57}$$

電子注入的整個物理過程可描述如下：

當電子注入 p 型區內，在幾個張弛時間 ($\in/\sigma$) 以內，電洞趨前包住電子形成電荷中性，一同向半導體內部擴散開來。但電子通常擴散得比電洞快 ($D_n > D_p$) 因此產生了空間電荷，如圖 2.8 所示。也因而產生了空間電場 $\vec{\varepsilon}_{sp}(\text{diff})$ 及電場梯度 ($\partial\varepsilon/\partial x$)，這又會促使半導體內原有的大量電洞趨前包圍電子（遮蔽效應），而形成 $\Delta p \cong \Delta n$ 之結果。但是 Δp 不可能完全等於 Δn，因若如此，則 $\vec{\varepsilon}_{sp} = 0$，而電子電洞將再度分離開來。在擴散過程中，多出電子電洞將互相復合而逐漸消滅形成一指數下降的分佈。

導致空間電場 $\vec{\varepsilon}_{sp}$ 產生之原因，除了上述之 $D_n \neq D_p$ 外，還有另外一種可能性，就是由外加電場 ($\vec{\varepsilon}_{ap}$) 所造成。例如，當 $D_n = D_p$ 時，上述擴散過程不會造成空間電場 $\vec{\varepsilon}_{sp}(\text{diff})$，但加了 $\vec{\varepsilon}_{ap}$ 後，電子電洞有被反向分開之趨勢，此時電荷中性發生作用使 $\Delta p \approx \Delta n$，但並不完全相同，此時產生之 $\vec{\varepsilon}_{sp}(\text{af})$ 在下面的討論二中將證明遠小於外加電場 $\vec{\varepsilon}_{ap}$ 之效應 ($\vec{\varepsilon}_{sp}(\text{af}) << \vec{\varepsilon}_{ap}$) 因而可以忽略。

【討論一】現在我們要檢查一下 (2.55) 及 (2.57) 式所解出之答案是否與假設一致，也就是少數載體之遷移項 $\mu_n \varepsilon_{sp} \dfrac{\partial \Delta n}{\partial x}$ 是否眞的可以忽略？先考慮沒有外加電場 $\vec{\varepsilon}_{ap}$ 之情形，即第 (1) 種照光之情形。

由於電流平衡每一點總電流 $J(x) = J_n(x) + J_p(x)$ 必須爲常數，$\vec{\varepsilon}_{sp}(diff)$ 之產生是爲抵抗電子電洞擴散電流之不同，故其產生之後果是讓總電流爲零

$$D_n \frac{\partial \Delta n}{\partial x} + n\mu_n \varepsilon_{sp}(diff) + p\mu_p \varepsilon_{sp}(diff) - D_p \frac{\partial \Delta p}{\partial x} = 0 \qquad (2.58)$$

由此可解出

$$\varepsilon_{sp}(diff) = \frac{D_p - D_n}{n\mu_n + p\mu_p} \frac{\partial \Delta n}{\partial x} \qquad (2.59)$$

當 $D_p = D_n$ 時 $\varepsilon_{sp} = 0$，證實例一所描述之物理過程。而少數載體電子受到 ε_{sp} 之作用而導致之遷移項 $i_n(drift) = ne\mu_n \varepsilon_{sp}$ 爲

$$i_n(drift) = ne\mu_n \frac{(D_p - D_n)}{n\mu_n + p\mu_p} \frac{\partial \Delta n}{\partial x} = \frac{n\mu_n}{n\mu_n + p\mu_p}(b-1)i_n(diff) \quad (2.60)$$

上式中的 $i_n(diff)$ 爲電子擴散電流

$$i_n(diff) = eD_n \frac{\partial \Delta n}{\partial x} \qquad (2.61)$$

以及

$$b = \frac{\mu_p}{\mu_n} = \frac{D_p}{D_n} \qquad (2.62)$$

由於爲低注入 (low injection) 情況，故 $n \ll p$，由 (2.60) 式可看出

$$|i_n(drift)| \ll |i_n(diff)| \qquad (2.63)$$

所以原假設正確，(2.55) 及 (2.57) 爲自我一致的解 (self-consistent solution)。

但對多數載體電洞而言

$$i_p(\text{drift}) = pe\mu_p \mathcal{E}_{sp} = -\frac{p\mu_p}{n\mu_n + p\mu_p}(\frac{1}{b} - 1)i_p(\text{diff}) \qquad (2.64)$$

因此，

$$\left|i_p(\text{drift})\right| \cong \left|\left(\frac{1}{b} - 1\right)i_p(\text{diff})\right| \qquad (2.65)$$

故空間電場 $\mathcal{E}_{sp}$ 對少數載體影響很小，其所造成的遷移電流遠小於擴散電流。而 $\mathcal{E}_{sp}$ 對多數載體影響很大，造成之遷移電流與擴散電流相差不多。

【討論二】現考慮由外加電場 $\vec{\mathcal{E}}_{ap}$ 所造成之空間電場 $\vec{\mathcal{E}}_{sp}(af)$，此時假設 $D_n = D_p = D$，$\tau_n = \tau_p = \tau$ 以簡化問題，則原連續方程式 (2.34) 式可化簡為

$$\frac{\partial}{\partial t}(\Delta p - \Delta n) = -\frac{(\Delta p - \Delta n)}{\tau} + D\frac{\partial^2}{\partial x^2}(\Delta p - \Delta n) - \mu\mathcal{E}\frac{\partial}{\partial x}(\Delta p + \Delta n) - \frac{\sigma}{\in}(\Delta p - \Delta n)$$

$$(2.66)$$

當 $\mathcal{E}_{ap} \neq 0$ 且其值很小，在穩定狀態下 $\frac{\partial}{\partial t} = 0$，則由 (2.55) 式得 $\Delta p \approx \Delta n = $

$\Delta n(0)\exp\left(-\frac{x}{L_n}\right)$，故有

$$D\frac{\partial^2(\Delta p - \Delta n)}{\partial x^2} \approx \frac{D}{L_n^2}(\Delta p(0) - \Delta n(0))\exp\left(-\frac{x}{L_n}\right) \approx \frac{\Delta p - \Delta n}{\tau} \qquad (2.67)$$

故式 (2.66) 中的前兩項對消而得

$$\frac{\sigma}{\in}(\Delta p - \Delta n) \cong -\mu\mathcal{E}\frac{\partial}{\partial x}(\Delta p + \Delta n) \cong \frac{-2\mu\mathcal{E}}{L_n}\Delta n(x) \qquad (2.68)$$

由 Poisson 方程式，並假設 $\mathcal{E} = \mathcal{E}_{ap} + \mathcal{E}_{sp}(af) \approx \mathcal{E}_{ap} = $ 常數，可得

$$\frac{\partial\mathcal{E}_{sp}(af)}{\partial x} = \frac{e(\Delta p - \Delta n)}{\in} = \frac{-2e\mu\mathcal{E}_{ap}}{\sigma L_n}\Delta n(x) = \frac{-2e\mu\mathcal{E}_{ap}\Delta n(0)}{\sigma L_n}\exp\left(-\frac{x}{L_n}\right) \quad (2.69)$$

積分上式至 $x \to \infty$ 得

$$\varepsilon_{sp}(af) \approx 2\frac{\Delta n(x)e\mu}{\sigma}\varepsilon_{ap} = \frac{2\Delta\sigma}{\sigma}\varepsilon_{ap} \tag{2.70}$$

由此可証明在低注入 (low injection) 狀況下因為 $\Delta\sigma << \sigma$，我們有 $\varepsilon_{sp}(af) << \varepsilon_{ap}$ 之結果。

　　由前面兩個討論，我們可以獲得一些結論，在外來的 (extrinsic) 半導體內，多出載體之運動是由少數載體所決定；少數載體與多數載體擴散係數不一樣時會產生空間電場 $\varepsilon_{sp}(diff)$，但少數載體由此電場而導致之遷移電流遠小於擴散電流，故可忽略。若半導體內有外加電場 ε_{ap} 時，由 ε_{ap} 而引發之空間電場 $\varepsilon_{sp}(af)$ 在低注入狀況下是可以忽略的。因此在解 Ambipolar 方程式時，在低注入狀況時，總電場 ε 可用外加電場 ε_{ap} 來取代，而忽略所有的空間電場 ε_{sp}。

　　最後再檢驗電荷中性在什麼條件下成立？亦即什麼條件下會有 $\left|\dfrac{\Delta p - \Delta n}{\Delta n}\right| << 1$？

(i) ε_{ap} 不存在時，由 Poisson 方程式及 (2.55) 及 (2.59) 式得

$$\nabla\cdot\vec{\varepsilon}_{sp}(diff) = \frac{e(\Delta p - \Delta n)}{\in} = \frac{e(D_p - D_n)}{\sigma}\frac{\partial^2 \Delta n}{\partial x^2} = \frac{e(D_p - D_n)}{\sigma L_n^2}\Delta n \tag{2.71}$$

因此，該比值對 GaAs 而言

$$\left|\frac{\Delta p - \Delta n}{\Delta n}\right| = \frac{\in}{\sigma}\frac{D_n - D_p}{L_n^2} \cong \frac{\in(1-b)}{\sigma\tau_n} = \frac{\tau_{rel}}{\tau_n}(1-b) \cong 10^{-4} << 1 \tag{2.72}$$

其中 $\tau_{rel} = \dfrac{\in}{\sigma} = 10^{-12}$ sec，$\tau_n = 10^{-8}$ sec。

(ii) 當 ε_{ap} 存在時

$$\nabla \cdot \vec{\mathcal{E}}_{sp}(af) = \frac{e(\Delta p - \Delta n)}{\epsilon} \cong -\frac{\Delta n e \mu_n}{\sigma L_n} \mathcal{E}_{ap} \tag{2.73}$$

因此，該比值

$$\left| \frac{\Delta p - \Delta n}{\Delta n} \right| = \frac{\epsilon}{\sigma} \frac{\mu_n \mathcal{E}_{ap}}{L_n} \cong \frac{\tau_{rel}}{\tau_{drift}} \tag{2.74}$$

其中的 $\tau_{drift} = L_n / (\mu_n \mathcal{E}_{ap}) = L_n / v_d$ 是電子遷移過 L_n 所需的時間。故往後在解任何多出載體之傳導行為，要判斷到底可不可以用 Ambipolar 方程式，只要比較張弛時間 τ_{rel} 或傳導時間 τ_{drift} 與少數載體之生命期 τ 之大小即可。

當 $\mathcal{E}_{ap}$ 逐漸加大到少數載體之遷移項大小可與擴散項相比時，(2.54) 式可寫為

$$D_n \frac{\partial^2 \Delta n}{\partial x^2} + \mu_n \mathcal{E} \frac{\partial \Delta n}{\partial x} - \frac{\Delta n}{\tau_n} = 0 \tag{2.75}$$

其中的 $\mathcal{E} = \mathcal{E}_{ap} + \mathcal{E}_{sp}(af) \cong \mathcal{E}_{ap}$，令 $\Delta n(x) = \Delta n(0)e^{-\lambda x}$（$\lambda > 0$），代入上式得

$$D_n \lambda^2 - \mu_n \mathcal{E}_{ap} \lambda - \frac{1}{\tau_n} = 0 \tag{2.76}$$

解此方程式得

$$\lambda = \frac{\mu_n \mathcal{E}_{ap} \pm \sqrt{(\mu_n \mathcal{E}_{ap})^2 + \frac{4D_n}{\tau_n}}}{2D_n} \tag{2.77}$$

載體擴散的特徵長度 λ 與外加電場之大小及方向有密切關係。

──

【例二】 Hayne - Shockley 實驗

　　Hayne - Shockley 實驗是用來測量半導體內少數載體移動率 (mobility) 的一種方法。圖 2.9(a) 是 Hayne - Shockley 實驗的裝置，n 型半導體兩端加一定電壓，在內部產生一定電場 $\mathcal{E}$ ，有一定電流流動。在 t=0 時，在 A 點

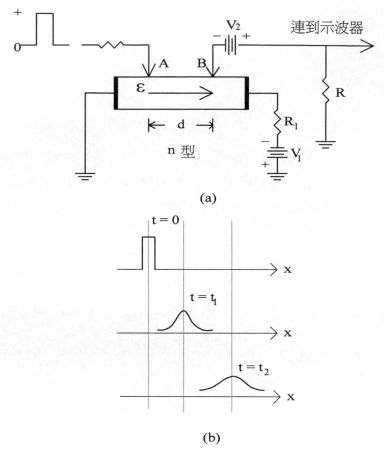

圖 2.9　Hayne-Shockley 實驗：(a)方法及設備，(b)入射電洞分佈對時間的變化。

加一脈衝，注入一股少數載體電洞，如圖 2.9(b) 所示，則整個載體傳導的物理過程如下：

(1) 在介質張弛時間 (ϵ/σ) 內，多數載體電子將包圍住入射的電洞，

(2) 載體之運動完全由少數載體電洞所決定，故電洞向右遷移 (drift) 並同時擴散，電子為遮蔽電洞也做同樣之運動，如圖 2.9(b) t=t_1，及 t=t_2 所示，

(3) 遮蔽電洞之電子一直更換，而電洞則為原先所產生者，

(4) 為獲得信號，必須在 B 點創造一接面，利用其空乏區電場把電子電洞分開。分開後，電洞被掃出接面，由 B 點進入外接電路而被偵測到。電子則在 (ϵ/σ) 時間內消散到接地端的歐姆接點處，

(5) 由外界示波器上讀到的信號尖峰，可以量出電洞由 A 點遷移到 B 點所花的時間 t。由 AB 兩點之距離 d 除以 t，可得電洞之遷移速度 v_d。由所加電場之大小 ε，可以求得移動率 $\mu(= v_d / \varepsilon)$ 之值，整個擴散過程可由解 (2.50) 式而得。在 t=0 時，$\Delta p(0) = \delta(x)$，先令外加電場 $\varepsilon_{ap} = 0$，再由 (2.50) 式改成電洞型式得

$$\frac{\partial \Delta p}{\partial t} = -\frac{\Delta p}{\tau} + D_p \frac{\partial^2 \Delta p}{\partial x^2} - \mu_p \varepsilon_{sp} \frac{\partial \Delta p}{\partial x} \qquad (2.78)$$

其中的最後一項可以忽略掉。先將上式中的第一項以指數因子處理掉，故令

$$\Delta p(x,t) = \Delta p'(x,t) \exp(-\frac{t}{\tau}) \qquad (2.79)$$

則原方程式可簡化為

$$\frac{\partial \Delta p'}{\partial t} = D_p \frac{\partial^2 \Delta p'}{\partial x^2} \qquad (2.80)$$

由Laplace 變換求解得

$$\Delta p'(x,t) = \frac{1}{\sqrt{4\pi D_p t}} \exp\left[-\frac{x^2}{4D_p t}\right] \qquad (2.81)$$

故最後的解為

$$\Delta p(x,t) = \frac{1}{\sqrt{4\pi D_p t}} \exp\left[-\frac{x^2}{4D_p t} - \frac{t}{\tau}\right] \qquad (2.82)$$

多出電洞以 x=0 為中心，呈高斯函數分佈逐漸擴散開來，並同時因與電子復合而消失。

(2) 若外加電場存在，即 $\varepsilon_{ap} = \varepsilon$ ，而忽略 ε_{sp} 項。若令 $x' = x - \mu_p \varepsilon t$ ，$t' = t$

則由微分法可得

$$
\begin{cases}
\dfrac{\partial}{\partial x} = \dfrac{\partial x'}{\partial x}\dfrac{\partial}{\partial x'} + \dfrac{\partial t'}{\partial x}\dfrac{\partial}{\partial t'} = \dfrac{\partial}{\partial x'} \\
\dfrac{\partial}{\partial t} = \dfrac{\partial x'}{\partial t}\dfrac{\partial}{\partial x'} + \dfrac{\partial t'}{\partial t}\dfrac{\partial}{\partial t'} = -\mu_p \varepsilon \dfrac{\partial}{\partial x'} + \dfrac{\partial}{\partial t'}
\end{cases}
\tag{2.83}
$$

則 (2.50) 式變為（仍改成電洞型式）

$$
\frac{\partial \Delta p}{\partial t'} = -\frac{\Delta p}{\tau} + D_p \frac{\partial^2 \Delta p}{\partial x'^2}
\tag{2.84}
$$

所以其解為

$$
\Delta p(x',t') = \frac{1}{\sqrt{4\pi D_p t'}} \exp\left[-\frac{x'^2}{4D_p t'} - \frac{t'}{\tau} \right]
\tag{2.85}
$$

代入原變數變換式得

$$
\Delta p(x,t) = \frac{1}{\sqrt{4\pi D_p t}} \exp\left[-\frac{(x - \mu_p \varepsilon t)^2}{4D_p t} - \frac{t}{\tau} \right]
\tag{2.86}
$$

故量得時間 $t_d (= d/_{\mu_p \varepsilon})$ 及 d，ε 即可以求出移動率 μ_p。

【例三】 電荷分離(charge seperation)

在例二中，正負電荷互相伴隨前進而且在途中互相復合，終於全部消滅。如何在其沒有消滅以前，量得它的位置及大小呢？那就牽涉到電荷分離的問題，只有把正負電荷互相拉開，才能在外界取得信號，但是要如何把電子電洞分開呢？這有兩種可能性，那就是(1) 外加強電場 $\vec{\varepsilon}_{ap}$，使其來不及遮蔽而分開，或 (2) 創造一個環境讓電子電洞濃度太低，無法及時產生遮蔽效應，由電場吸引而分開。現考慮到底那一種機制才是對的。

為使問題簡化，先令 $D_n = D_p = D$，$\mu_n = \mu_p = \mu$，則由 (2.34) 式得

$$\frac{\partial \Delta}{\partial t} = -\frac{\Delta}{\tau} + D\frac{\partial^2 \Delta}{\partial x^2} - \mu \mathcal{E}\frac{\partial}{\partial x}(\Delta p + \Delta n) - \frac{\sigma}{\in}\Delta \qquad (2.87)$$

考慮在 t=0 時，注入一股電子洞對 $\Delta p(x) = \Delta n(x)$，呈高斯分佈，亦即

$$\Delta p(x) \sim \exp(-\frac{x^2}{L^2}) \qquad (2.88)$$

假設其中的 L = 0.5 μm，$\sigma/\in \approx 10^{12}$ / sec，則由前面 (2.37) 式分析知第一及第二項在 1 ps 以內可以忽略。又 $\mathcal{E} = \mathcal{E}_{ap} + \mathcal{E}_{sp}$，由於電子電洞擴散速度一樣，$\mathcal{E}_{sp}$ 中不含由擴散不同而引起之空間電場，而由外加電場所引起之 $\mathcal{E}_{sp} << \mathcal{E}_{ap}$，故 $\mathcal{E} \cong \mathcal{E}_{ap}$ 而電荷之運動由下式所決定 (t ≤ 1ps)

$$\frac{\partial \Delta}{\partial t} = -\mu \mathcal{E}_{ap}\frac{\partial}{\partial x}(\Delta p + \Delta n) - \frac{\sigma}{\in}\Delta \qquad (2.89)$$

假設電子電洞對可以被外加電場分開，則描述電洞行為的方程式變為

$$\frac{\partial \Delta p}{\partial t} \cong -\mu \mathcal{E}_{ap}\frac{\partial \Delta p}{\partial x} - \frac{\sigma}{\in}\Delta p \qquad (2.90)$$

令 $x' = x - \mu \mathcal{E}_{ap}t,\ t' = t$ ，並利用 (2.83) 式可簡化上式成

$$\frac{\partial \Delta p}{\partial t'} = -\frac{\sigma}{\in}\Delta p \qquad (2.91)$$

若令

$$\Delta p(x', t') = \Delta p(x')\exp\left(-\frac{\sigma}{\in}t\right) \qquad (2.92)$$

代入式 (2.91) 式可解得

$$\Delta p(x, t) = \Delta p(x - \mu \mathcal{E}_{ap}t)\exp\left(-\frac{\sigma}{\in}t\right) \qquad (2.93)$$

故電洞一方面受電場之吸引，以 $\mu\vec{\mathcal{E}}_{ap}$ 之速度移動，一面在幾個張弛時間 τ_{rel} (=$\in/\sigma$) 內消失，被遮蔽而形成電荷中性。對電子而言亦類似，故在導電度 σ 很高的半導體內，即使加上很強的電場，電洞仍然帶著電子一起運動，外加電場無法分離電子電洞對。只有在半導體內創造一空乏區

(depletion region) 出來，裡面電子電洞濃度極低，導致其張弛時間 τ_{rel} 遠大於載體傳導通過空乏區之時間 τ_{drift} 則電子電洞對進入此空乏區內才有可能被分開。故在例二中，負責偵測信號之 B 點必須具有空乏區才行，一般是用一pn 接面或蕭基能障來達成。

最後我們討論一個問題，就是空間電場 $\vec{\varepsilon}_{sp}$ 是否可由外界電表量得？電子電洞之擴散速度不同造成了空間電場 $\vec{\varepsilon}_{sp}$，此電場對位置之積分可以得到電位差 ΔV，這電位差是否可以由電表量得？若真在外界產生電壓差，則只要把半導體短路外界就會有電流流動，而成為一個電池。事實上外界電表上所量的是電化學位能(electrochemical potential) 或佛米級 (Fermi-level) 之差，而非 靜電位能 (electrostatic potential) 之差。例如在 pn 接面的空乏區內有極強的電場造成一靜電位，但平衡時兩端化學位能相同 (Feimi-level一樣)，故無法用電表量出跨過空乏區之靜電位。$\vec{\varepsilon}_{sp}$ 這種自發性電場造成總電流 J = $J_n + J_p$ =0，故亦不會被電表量出。

2.4 復合(Recombination)

電子電洞之復合的機制可分為 (1) 直接復合 (2) 經由缺陷之復合（包括體內 (bulk) 及表面），分別在下兩小節中討論。

2.4.1 直接復合

直接復合係指電子電洞對的結合方式並不假藉任何媒介，尤其是指帶溝中間的能階陷阱而言，此種復合方式可再分為三類：

(1) 輻射 (radiative) 復合：復合時所放出之能量是光的型式，也可能先放光而形成 exciton 再復合。

(2) 非輻射(nonradiative)復合：復合時所放出之能量以熱 (聲子) 之型式放出。

(3) 歐傑(Auger)復合：電子電洞之復合，不放光也不放出一聲子，而是將能量直接傳給另一電子或電洞叫歐傑復合。其中傳給電子者多發生在間接帶溝材料 (如Si, Ge) 而且摻雜濃度很高的時候。傳給電洞者也可發生在直接帶溝材料，例如雷射二極體內，電子電洞濃度都很高，而且分離 (split-off) 電洞帶與重電洞帶之間距△與帶溝 E_g 接近時 極易發生。

以上三種復合過程，前兩種可用一生命期 τ 來代表，第三種必須用 R (復合速率) $= cn^2p$ 或 cnp^2 來表示，其中的 c 是比例常數， n 及 p 是電子及電洞濃度。 其生命期 τ 仍可以寫成 $\tau = 1/(cn^2)$ （當電洞為少數載體）或 $\tau = 1/(cp^2)$ （當電子為少數載體），前面幾節所討論之動力學仍適用此種情形。

2.4.2 經由陷阱之復合

1952年Shockley和Read以及Hall分別提出電子電洞對可經由陷阱復合之模型，稱之為SRH模型。如圖 2.10 所示，所謂的陷阱是指在半導體帶溝間的能階而言；在實際的空間上，則是指局限在雜質或缺陷附近的能階。此種能階可做為電子電洞對的復合中心，它們可經由這些缺陷而快速復合。我們可用捕捉橫截面(capture cross section) σ_n 及 σ_p 來描述陷阱捕捉到電子及電洞能力。假設電子的熱速度為 v_n，電洞的熱速度為 v_p。相對電子電洞的運動而言，陷阱可想像成以熱速度來接近電子或電洞，則在單位時間內，如圖 2.11 所示，由捕捉橫截面及熱速度所決定體積內的電子及電洞皆可被陷阱所補捉。對施體 (donor) 雜質而言，捕捉電子時帶有正電，σ_n 大；補捉電洞時為中性，σ_p 小，亦即 $\sigma_n \gg \sigma_p$。反過來受體雜質則 $\sigma_p \gg \sigma_n$。

　　底下我們以施體陷阱爲例，來說明如圖 2.10 所顯示的四種與電子電洞作用過程的速率：

(1) 每個游離陷阱捕捉電子之速率爲 $c_n = \sigma_n v_n n$，

(2) 每個陷阱捕捉電洞之速率爲 $c_p = \sigma_p v_p p$，

(3) 每個陷阱放射電子的速率爲 e_n (溫度 T 之函數)，

(4) 每個游離陷阱放射電洞的速率爲 e_p。

　　假設陷阱單位體積的濃度爲 N_t，且分佈函數爲 f_t。由於陷阱是否已有電子存在是取決於分佈函數 f_t，因此，陷阱的淨捕捉電子速率爲

$$R_n = c_n N_t (1 - f_t) - e_n N_t f_t \qquad (2.94)$$

淨捕捉電洞速率爲

$$R_p = c_p N_t f_t - e_p N_t (1 - f_t) \qquad (2.95)$$

現考慮熱平衡的狀況，施體陷阱的分佈函數可由 (1.31) 式知爲

$$f_{t0} = \frac{1}{1 + \dfrac{1}{2} \exp(\dfrac{E_t - E_f}{kT})} \qquad (2.96)$$

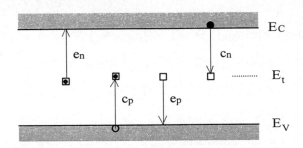

圖 2.10　SRH 模型。

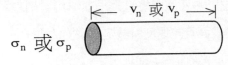

圖 2.11　捕捉橫截面。

而陷阱的淨捕捉電子及電洞的速率均必須為零 $R_n = R_p = 0$，如此才能維持

一定的均衡，此謂之完整的平衡 (detail balance)。由此可得放射電子的速率

$$
\begin{aligned}
e_n &= \sigma_n v_n n_0 (\frac{1}{f_{t0}} - 1) = \frac{\sigma_n v_n n_0}{2} \exp[-\frac{E_t - E_F}{kT}] \\
&= \frac{\sigma_n v_n}{2} N_c \exp(-\frac{E_C - E_t}{kT}) \qquad\qquad (2.97) \\
&= \frac{\sigma_n v_n}{2} n_t = \sigma_n v_n \bar{n}
\end{aligned}
$$

以及放射電洞的速率

$$
\begin{aligned}
e_p &= \sigma_p v_p p_0 \frac{1}{(\frac{1}{f_{t0}} - 1)} = 2\sigma_p v_p n_0 \exp[-\frac{E_t - E_F}{kT}] \\
&= 2\sigma_p v_p N_v \exp(-\frac{E_t - E_v}{kT}) \\
&= 2\sigma_p v_p p_t = \sigma_p v_p \bar{p} \qquad\qquad (2.98)
\end{aligned}
$$

上兩式中的

$$\bar{n} = \frac{n_t}{2}, \quad n_t = N_C \exp[-\frac{E_C - E_t}{kT}] \text{ 為佛米級位在陷阱能階 } E_t \text{ 時之電子濃度}$$

$$\bar{p} = 2p_t, \quad p_t = N_V \exp(-\frac{E_t - E_v}{kT}) \text{ 為佛米級位在} E_t \text{時之電洞濃度}$$

而且 $n_t p_t = \bar{n}\bar{p} = n_i^2$，所以 (2.94) 及 (2.95) 式可寫為

$$R_n = \sigma_n v_n N_t [n(1-f_t) - \bar{n}f_t] \qquad\qquad (2.99)$$

$$R_p = \sigma_p v_p N_t [pf_t - \bar{p}(1-f_t)] \qquad\qquad (2.100)$$

當有外加擾動(光或電荷入射)，陷阱補捉電子及電洞的淨速率不再為零。假若系統存在於穩定狀態下，則此兩淨速率必須相等，亦即 $R_n = R_p = R$，

$$\sigma_n v_n N_t [n(1-f_t) - \bar{n}f_t] = \sigma_p v_p N_t [pf_t - \bar{p}(1-f_t)] \qquad (2.101)$$

令 $(\sigma_p v_p)/(\sigma_n v_n) = r$，如此可解得

$$f_t = \frac{n + r\bar{p}}{n + \bar{n} + r(p + \bar{p})} \qquad\qquad (2.102)$$

而淨復合速率爲

$$R = \frac{\sigma_n v_n N_t (n(\bar{n} + rp) - \bar{n}(n + rp))}{n + \bar{n} + r(p + \bar{p})} = \frac{\sigma_p v_p N_t (np - n_i^2)}{n + \bar{n} + r(p + \bar{p})} \quad (2.103)$$

(2.102) 及 (2.103) 式將成爲以後討論載體復合的兩個最基本公式。

【問題】若陷阱爲受體 (acceptor) 雜質，則所推導出之 e_n, e_p, f_t 及 R 與 (2.97) 到 (2.103) 式之結果會不會有所不同？

淨復合速率 R 之式子 (2.103) 相當複雜，但在一般情形下仍可簡化。考慮一 n型半導體，其能帶如圖 2.12 所示：

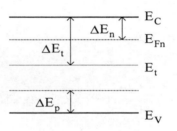

圖 2.12　半導體的能帶。

其參數值爲　$n_0 = 10^{16} / cm^3$，$\Delta p \cong \Delta n = 10^{14} / cm^3$，$r \approx 1$，$N_t = 10^{13} / cm^3$
由於電子濃度甚大於電洞濃度，而且假設 $\Delta E_t - \Delta E_n \gg kT$，亦即

$$n = n_0 + \Delta n \approx n_0 \gg p = p_0 + \Delta p \approx \Delta p \gg \bar{p}$$
$$\bar{n} = \frac{1}{2} N_C \exp\left[-\frac{\Delta E_t}{kT}\right] \ll N_C \exp\left[-\frac{\Delta E_n}{kT}\right] = n$$

所以 (2.103) 式可化簡爲

$$R = \sigma_p v_p N_t \frac{n\Delta p + p\Delta n + \Delta p \Delta n}{n} \approx \frac{\Delta p}{\tau} \quad , \text{其中 } \tau = \frac{1}{\sigma_p v_p N_t}$$

仍然可得與 (2.31) 式類似的表示法。

2.4.3 考慮陷阱之連續方程式

加入陷阱之產生 $G_{nt}(G_{pt})$ 與復合 $R_{nt}(R_{pt})$ 後，其連續方程式變為

$$\frac{\partial n}{\partial t} = \underbrace{G_d - R_d}_{\text{band to band}} + \underbrace{G_{nt} - R_n}_{\text{trap to band}} + D_n \frac{\partial^2 n}{\partial x^2} + \mu_n \frac{\partial}{\partial x}(n\mathcal{E}) \qquad (2.104)$$

$$\frac{\partial p}{\partial t} = \underbrace{G_d - R_d}_{\text{band to band}} + \underbrace{G_{pt} - R_p}_{\text{trap to band}} + D_p \frac{\partial^2 p}{\partial x^2} + \mu_p \frac{\partial}{\partial x}(p\mathcal{E})$$

G_{nt} 及 G_{pt} 是由入射光或由電荷衝擊游離 (impact ionization) 所造成。G_d 及 R_d 代表由帶至帶 (band to band) 之產生及復合。而在穩定狀態下，$\partial / \partial t = 0$，$G_{nt} = G_{pt}$，$R_n = R_p$。在一般低注入 (low injection) 狀態下，$\Delta p, \Delta n \le N_t$，帶至帶之復合速率遠小於經由陷阱之復合速率，而可忽略 R_d。G_{nt} 及 G_{pt} 僅有在入射光為紅外光 (小於帶溝時) 才比較重要，因為此時沒有巨大的帶到帶的產生機制。因此一般在考慮載體入射或太陽電池之作用時，可以忽略此兩項。

一組完整之連續方程式可寫為

$$\begin{cases} \dfrac{\partial n}{\partial t} = G_d - R_n + D_n \dfrac{\partial^2 n}{\partial x^2} + \mu_n \mathcal{E} \dfrac{\partial n}{\partial x} + \dfrac{\sigma_n}{\in}(\Delta p + \Delta N_t^+ - \Delta n) \\[2mm] \dfrac{\partial p}{\partial t} = G_d - R_p + D_p \dfrac{\partial^2 p}{\partial x^2} - \mu_p \mathcal{E} \dfrac{\partial p}{\partial x} - \dfrac{\sigma_p}{\in}(\Delta p + \Delta N_t^+ - \Delta n) \\[2mm] \dfrac{\partial N_t^+}{\partial t} = R_p - R_n \\[2mm] \dfrac{\partial \mathcal{E}}{\partial x} = \dfrac{e(\Delta p + \Delta N_t^+ - \Delta n)}{\in} \end{cases} \qquad (2.105)$$

上式中的最後一道式子是 Poisson 方程式。因此在外來的 (extrinsic) 半導體中，電荷中性仍成立，但此時條件變為

$$\Delta p + \Delta N_t{}^+ = \Delta n \tag{2.106}$$

而且 $\tau_n \neq \tau_p$。只有在 $\Delta n, \Delta p \gg \Delta N_t{}^+$ 時，$\Delta p \cong \Delta n$ 才成立。現用一例子來說明連續方程式之變化。

_____

【例】 在 一 p 型 半 導 體 中 ， $p_0 = 10^{16} / cm^3$ ， $r = 0.01$ ， 施 體 陷 阱 $N_t = 10^{14} / cm^3$，捉電子之捕捉橫截面 σ_n 遠大於捉電洞之捕捉橫截面 σ_p ，則在低注入的穩定狀態下

$$N_t{}^+ = N_t(1 - f_t) = N_t \frac{\bar{n} + rp}{n + \bar{n} + r(p + \bar{p})} \cong N_t \frac{rp_o}{n + rp_o} \cong N_t(1 - \frac{n}{rp_o}) \tag{2.107}$$

所以，

$$\Delta N_t{}^+ = \frac{-N_t}{rp_o} \Delta n \tag{2.108}$$

代入式 (2.106) 式得

$$\Delta p = (1 + \frac{N_t}{rp_o}) \Delta n \tag{2.109}$$

由 (2.105) 式其中的第一式乘 σ_p 加上第二式乘 σ_n，可得

$$\sigma_p \frac{\partial \Delta n}{\partial t} + \sigma_n \frac{\partial \Delta p}{\partial t} = (G_d - R_n)\sigma_p + (G_d - R_p)\sigma_n$$

$$+ \sigma_n D_n \frac{\partial^2 \Delta n}{\partial x^2} + \sigma_n D_p \frac{\partial^2 \Delta p}{\partial x^2} + \mu_n \mathcal{E} \sigma_p \frac{\partial \Delta n}{\partial x} - \mu_p \mathcal{E} \sigma_n \frac{\partial \Delta p}{\partial x} \tag{2.110}$$

將 (2.109) 式代入並整理後，在穩定狀態下可得方程式如下

$$0 = G_d - R_n + D_t^* \frac{\partial^2 \Delta n}{\partial x^2} + \mu_t^* \frac{\partial \Delta n}{\partial x}$$

$$D_t^* = \frac{(p + n(1 + \frac{N_t}{rp_o}))D_p D_n}{p D_p + n D_n} \tag{2.111}$$

$$\mu_t^* = \frac{(p - n(1 + \frac{N_t}{rp_o}))\mu_p \mu_n}{p\mu_p + n\mu_n}$$

_____

第三章 金屬半導體接點

3.1 發展的歷史

金屬與半導體間界面問題的研究與發展，在歷史上的關鍵性事件可歸納如下：

1. 19世紀末 (1874年)，Braun 即發現金屬半導體接點有不對稱之電阻。到了20世紀初期，這種金屬半導體接點(用鎢絲點在 Si 或 PbS 上之點接點 (point contact)) 就被使用在無線電通信方面，作為電波的偵測器。

2. 1931年，Schottky, Stormer 和 Waibel 證實加在金屬半導體接點上的電壓是完全加在兩者的介面上以促使電荷流動。

3. 1932年，量子力學已發展得相當完備，Wilson 和其他人想以量子穿過介面位障的方法來解釋整流現象，但不久發現預測之容易電流的方向正好與實驗相反。

4. 1938年 Schottky 指出，在半導體接近介面的地方有一位障存在，「整流可由電子必須藉由擴散、遷移而克服位障來解釋」。同一年1938年，Mott 也對某一種特殊金屬半導體接點提出理論，叫 Mott barrier。而一般金屬半導體接點就叫做蕭基能障 (Schottky barrier, SB)。

5 第二次世界大戰時，由於雷達的發明需要用到大量的 Si, Ge點接面，所以對蕭基能障的了解大為增進。1942年 Bethe 把 Sommerfeld 和他在1933年於 MIT實驗報告 中所推導的金屬表面之熱游子放射 (thermionic emission) 模型推廣，應用在蕭基能障上描述電子之導電情形，叫做熱游子放射 (TE) 模型。其主要論點就是計算電子海中高能電子可以克服位障而跑入金屬之數量。

6. 戰後隨著電晶體之發明 (第一個是 point contact transistor)，發現使用大面積的電晶體，電子特性要穩定得多，使得蕭基能障也朝蒸鍍大面積接點上發展，從此取代了點接點 (point contact)。

7. 1966年Crowell和施敏把熱游子放射 (TE) 和擴散理論合而為一，叫做熱游子放射–擴散理論，把電子傳導過程看做兩部份：(1) 電子先經擴散的方式移動到接面附近，(2) 再經由熱游子放射方式進入金屬中，兩種傳導過程必須達成平衡。但事實上，如同本書第二章所討論的重點，蕭基能障中電子的傳導機制到底是以熱游子放射，還是擴散遷移方式，完全要看在位障中電子的散射機制是否對電子的分佈產生重大影響。在這一章後面幾節中將證明電子傳導之過程係以熱游子放射的方式通過空乏區及接面，再以張弛 (relaxation) 方式從金屬內消失。

3.2 固體表面特性

金屬半導體接點基本上是用到材料的表面電子特性，與內部 (bulk) 特性有些不同，比如說電子跑到固體表面，所看到晶體位能的週期性已經失去，應該如何處理呢？底下我們首先定義材料內部電子的工作函數 (work function)，及其與電子親和力 (electron affinity) 的關係，最後談及表面能階對工作函數的影響。

首先定義工作函數為把電子從佛米級 (E_F) 移到固體外無窮遠 (真空階) 處所需之能量。如圖 3.1 所示即為電子在固體表面附近所見的原子及表面位能，在表面原子之左方不再有原子存在，因此不再提供吸引電子之位能，表

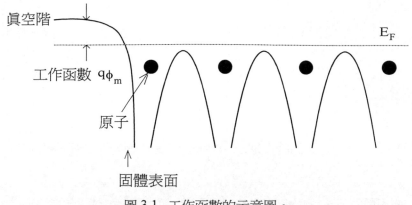

圖 3.1　工作函數的示意圖。

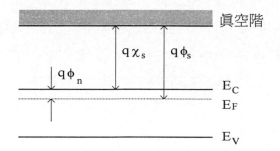

圖 3.2　電子親和力及工作函數的關係。

面之位能無法降下而產生一位障。工作函數即是將佛米級上的電子拿到固體外所需之能量。用量子力學來解工作函數時常用果醬 (Jelly) 模型，把背景正電荷看成一均勻分佈 (而非點分佈) 之離子海，再放入等量之電子，來解電子之能量。對半導體而言，佛米級的位置可如第一章所述的方式求得，其與 E_C 和 E_V 的關係如圖 3.2 所表示的，其工作函數可表為

$$q\phi_s = q\chi_s + q\phi_n \tag{3.1}$$

其中的 $q\chi_s$ 叫做電子親和力，在理論上是一個好觀念，但在實驗上極難量得正確之值。

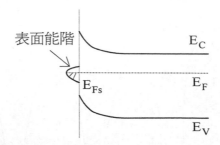

圖 3.3　表面能帶的彎曲。其中的 E_{Fs} 是表面能階的佛米級。

在固體內部，可由解薛丁格方程式得出帶結構。但到了固體表面，週期性的位能被切斷，此時薛丁格方程式可能在帶溝中有解，電子波函數不再是無所不在的 Bloch state 而成為局限性 (localized) 的分佈，這種表面能階叫做 "固有表面能階" (intrinsic surface states)，表面能階也可形成兩度空間 Bloch 函數。例如，即使考慮表面重新排列之現象，半導體 Si 的固有表面能階存在於帶溝中，而III–V價化合物半導體則沒有。有時由於表面上吸附了其他原子或有缺陷的緣故，會導致一些能階在帶溝出現，叫做外來的 (extrinsic) 表面能階。表面能階造成之直接後果，就是導致能帶在表面會有彎曲的現象，如圖 3.3 所示。而且彎曲的程度和表面乾淨之程度有極大的關係，這是實驗上難量 $q\phi_s$（半導體的工作函數）及 $q\phi_m$（金屬的工作函數）之原因。

3.3　蕭基能障的形成

當金屬與半導體相接觸時，界面間常會有一能障形成而阻礙電子的傳導，謂之蕭基能障 (Schottky barrier)。

3.3.1 蕭基能障的理想模式

假設半導體沒有表面能階，其與金屬之接觸為物理接觸，介面沒有任何化學反應產生。則當系統達到物理平衡時，在接點兩邊之化學位能必須相等，其理由可由兩種觀點來分析。第一，由能量觀點來看，化學位能(即指佛米能階)兩端不同，則從化學位能高的一方移一個電子到低的一方，整個系統能量會降低 $\Delta E = E_F(高) - E_F(低)$，因此只有等到兩邊一樣時，整個反應才會平衡。第二，由電子流觀點來看，由左向右之電子流必須等於由右向左之電子流(在任何能量均成立)，考慮入射角等問題後可證明兩邊佛米級必須一樣才有可能達成平衡。

如圖 3.4 所示，以真空階當作參考位能的零點，逐漸把兩者靠近，當金屬與半導體接觸以後，$q\chi_s$ 不隨位置而變，而且真空階必須連續。在左右兩邊達到物理平衡的過程中，電子或電洞流經界面，形成相鄰的正負電荷區，並建立一靜電位能，以抵抗當初兩者佛米級之差，並將兩邊的佛米級拉平。由圖 3.4 可以很清楚的看出來，對同樣的金屬而言，$q\phi_{Bn} + q\phi_{Bp} = Eg$。一般在半導體上一面做蕭基能障，另一面則必須做歐姆接點。

3.3.2 真實的蕭基能障

依照理想模式，蕭基能障(SB)之位障 $q\phi_{Bn}$ 應與金屬之工作函數 $q\phi_m$ 成正比

$$q\phi_{Bn} = q\phi_m - q\chi_s \tag{3.2}$$

故在同樣的半導體上，蒸鍍不同的金屬，量其位障應可驗證模式之正確性。但實際上的實驗結果並非如此，圖 3.5 是 Si、GaP、GaAs 及 CdS 的 $q\phi_{Bn}$ 對 $q\phi_m$ 的關係圖。一般來說，實驗數據可寫成

$$\phi_{Bn} = C_2\phi_m + C_3 \tag{3.3}$$

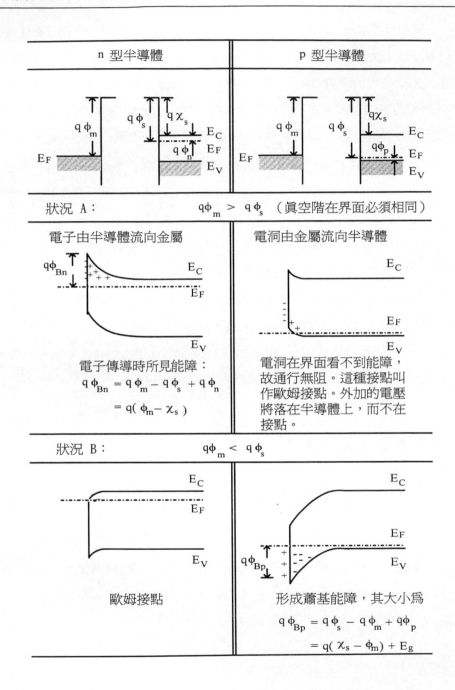

圖 3.4　蕭基能障和歐姆接點。

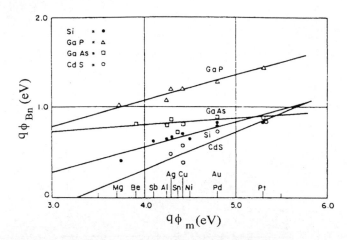

圖 3.5　半導體及金屬相接觸時工作函數的關係。(錄自：A. M. Cowley and S. M. Sze, J. Appl. Phys., 36, 3212, 1965)

斜率 C_2 之值分別為 0.07(GaAs)、0.38(CdS)、0.27(Si 及 GaP)，這表示金屬工作函數對位障之影響很小，理想模式並不能正確的解釋實驗的結果，顯示金屬半導體介面間有表面能階存在，而使佛米能階被釘在半導體表面某一能量範圍內。這種佛米級被釘在半導體表面很難被移動的現象，目前有兩種模型來解釋：

1.缺陷產生模型 (defect generation model)

　　1979年史丹福大學 Spicer 教授發現，在蒸鍍金屬的過程中，金屬原子沉積到半導體表面上所放出之潛熱，足夠把半導體表面的原子解離，形成很混亂且複雜的結構，也就是在半導體表面加上金屬之同時，產生大量的缺陷把佛米級釘在缺陷能階之位置，所以不管加什麼金屬$q\phi_{Bn}$變化不大。

2.金屬誘導帶溝能階模型 (metal-induced gap states model)

　　金屬蒸鍍到半導體表面上後，由於半導體有帶溝的存在，因此金屬中凡是能量位於半導體帶溝範圍內之電子無法進入半導體中，但其波函數仍能穿

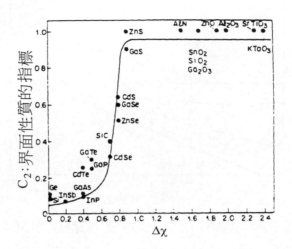

圖 3.6　界面性質的指標與電負性差的關係。(錄自：Kurtin, McGill, and Mead,

Phys. Rev. Lett. 22, 1433, 1969，原圖縱軸標示有錯，已經修正)

隧 (tunnel) 進入半導體之表面附近，形成介面能階，而可以容納外來的電子，將佛米級釘在這些介面能階附近。

　　現就實驗上對蕭基能障所觀察到的性質，舉兩個例子說明。

【例一】Au 和 IV 及 III-V 價半導體所形成之$q\phi_{Bn}$，除了 In 系列之半導體如 InAs、InP 及 InSb 外，由於 C_2 非常小，$q\phi_{Bn}$ 約等於帶溝之 2/3 大小即 $2E_g/3$。

【例二】工作函數 ϕ_m 與電負性 χ_m 之關係爲

$$\phi_m = 2.3\chi_m + K$$

故蕭基能障 ϕ_{Bn} 與電負性 χ_m 之關係爲

$$\phi_{Bn} = 2.3C_2\chi_m + (C_3 + C_2K)$$

斜率 $2.3C_2$ 對不同種類之半導體，數值不一。如圖 3.6 所示，橫軸是組成半導體元素的電負性差 $\Delta\chi$，縱軸是 C_2 值，我們定義其爲半導體界面性質的指標。$\Delta\chi=0$ 是元素半導體，$\Delta\chi$ 越大則表示越接近於絕緣體。

對 IV 和 III-V 價	$0 \le C_2 \le 0.5$
對 II-VI 價	$0.25 \le C_2 \le 0.65$
對絕緣體	$C_2 \cong 1$

以上的結果可用缺陷產生模式來解釋，固體愈離子化，鍵極性愈強，愈難產生缺陷，但也愈接近理想的蕭基能障模式。

因爲正常狀況下金屬半導體接點均形成蕭基能障，因此做歐姆接點時，必須焠火燒結。

3.3.3　目前所了解蕭基能障的形成模式

由於受到表面能階的影響，蕭基能障的形成，取決於金屬和半導體的工作函數，以及表面能階的位置。假設表面能階的密度很大，金屬和半導體的佛米級皆被固定在帶溝間離導電帶約2/3的地方，則 n 型及 p 型半導體與金屬接觸時會形成的蕭基能障，即如圖 3.7 所示。電子由金屬流向表面能階，在金屬表面會形成正電荷，而表面能階可視爲帶負電荷，因彼此非常接近，因而形成電偶極。當半導體爲 n 型時，半導體內的電子也流向表面能階，故介面兩邊均形成帶正電之空間電荷。但當半導體爲 p 型時，半導體內的電洞流向表面能階，形成帶負電的空間電荷。

在大氣中，半導體表面會自然長一層 20~30Å 厚之氧化層，但不很緻密，對上述蕭基二極體形成之過程影響不大。但若故意長一層品質良好的氧化層，則只要長約 20Å 厚，形成 MIS 結構，作用就會很大，可以改變表面

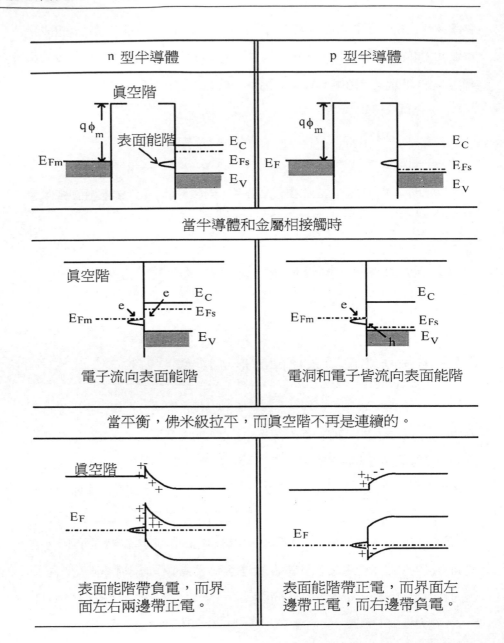

圖 3.7 受到表面能階影響的蕭基能障。

能階產生之數目，因而提高 $q\phi_{Bn}$，此種技術被廣泛的應用於太陽電池上，以提高太陽電池的效率。

由於金屬半導體接面很混亂，金屬和半導體混合起來形成幾十 Å 之轉換層，所以在介面附近帶結構可以看成介於金屬和半導體之間，帶圖改變如圖 3.8 實線所示，稱之為接面漸變 (junction grading) 效應。

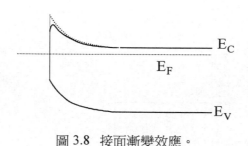

圖 3.8　接面漸變效應。

3.4 空乏區 (Depletion region)

如圖 3.9 所示，當蕭基能障形成時，在接近界面的半導體內會產生載體濃度極低的空乏區。空乏區內之電場分佈及長度，可由半導體雜質濃度及位障高度所決定。對於 n 型的半導體而言，由 Poisson 方程式可得

$$\frac{d^2 V}{dx^2} = -\frac{q}{\epsilon}(p + N_D^+ - n) \tag{3.4}$$

式中的 V 是由電荷所造成的電位，N_D^+ 是已離子化的施體濃度，ϵ 是半導體的介電常數。在空乏區內離邊界 W 很遠之處，$p, n \ll N_D^+$，但在邊界 W 附近 $n \to N_D^+$ 而不可忽略。為簡化問題起見，我們用空乏近似法 (depletion approximation) 來計算 V(x)。如圖 3.9 所示，我們忽略 p 及 n 並且以固定的施體濃度 N_D 來取代 N_D^+，則 (3.4) 式則變為

$$\frac{d^2 V}{dx^2} = -\frac{qN_D}{\epsilon} \tag{3.5}$$

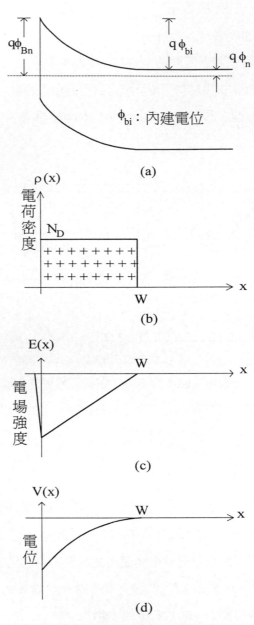

$q\phi_{Bn}$

$q\phi_{bi}$

$q\phi_n$

ϕ_{bi}：內建電位

(a)

$\rho(x)$

電荷密度

N_D

+ + + + + + +
+ + + + + + +
+ + + + + + +

W

x

(b)

$E(x)$

W

x

電場強度

(c)

$V(x)$

W

x

電位

(d)

圖 3.9　空乏區近似法，(a)蕭基能障帶圖，(b)電荷密度，(c)電場強度 $E(x)$，
(d)電位 $V(x)$ 對 x 的變化圖

假設電場在 x=W 處爲零且令該處的電位也爲零,則電場強度 E(x) 可解得爲

$$E(x) = \frac{qN_D}{\in}(x - W) \tag{3.6}$$

電位 V(x) 爲

$$V(x) = -\frac{qN_D}{2\in}(x - W)^2 \tag{3.7}$$

當我們外加一 V 電壓時(順向爲正,逆向爲負),使得如圖 3.9(a) 跨空乏區的電位變爲 ϕ_{bi}-V,則此時的空乏區邊界可由式 (3.7) 求得

$$W = \sqrt{\frac{2\in}{qN_D}(\phi_{bi} - V)} \tag{3.8}$$

而空乏區內儲存電荷爲

$$Q = \sqrt{2qN_D \in (\phi_{bi} - V)} \tag{3.9}$$

以上的分析是否很合理呢?茲討論如下

【討論一】在空乏區的電場是否可看成均勻分佈如同果醬 (Jelly) 模型之結果?

雜質間之距離以攙雜爲 $10^{15}/cm^3$ 來計算爲 10^{-5} cm (1000Å),而空乏區之寬度在5000Å ~ 1 μm 左右,故空乏區之寬度內僅有5到10個游離的施體存在,很難看成是均勻的電荷分佈,故上式之處理方法是相當的簡化。

【討論二】空乏區邊界之電位分佈到底爲何?

接近空乏區邊界時,電子的濃度應爲

$$n = n_\circ \exp(+\frac{qV}{kT}) \tag{3.10}$$

其中 $n_0 (= N_D)$ 是半導體內未與金屬相觸前的電子濃度。因此 (3.5) 式應寫成

$$\frac{d^2V}{dx^2} = \frac{qN_D}{\in}\left[\exp(+\frac{qV}{kT}) - 1\right] \tag{3.11}$$

將上式左右兩邊同乘 $2dV/dx$ 並由無窮遠處積分到x處可得

$$E(x) = -\frac{dV}{dx} = -\frac{\sqrt{2}kT}{qL_D}(e^{\beta V} - \beta V - 1)^{1/2} \qquad (3.12)$$

式中的 $\beta = q/kT$ 而 $L_D = \sqrt{\in kT/(q^2 N_D)}$ 為 Debye 長度。在接近 W 處，V 趨近於零，(3.12) 式則可近似為

$$\frac{dV}{dx} = -\frac{V}{L_D} \qquad (3.13)$$

解此方程式得

$$V(x) = V(W)\exp\left(-\frac{x-W}{L_D}\right) \qquad (3.14)$$

其中 $V(W)$ 為電位在 $x = W$ 之值，由 (3.14) 式可知。位能曲線以 L_D 之特性長度衰減到零，而真正之空乏區邊界將延展到無窮遠處，故空乏區之長度實看所用模型而定。在空乏區近似法之下，前面所導之空乏區長度的公式 $W = \sqrt{2\in(\phi_{bi} - V)/(qN_D)}$，其正確性約在一兩個 Debye 長度之內。

3.5 電流傳導機制

當半導體兩端加上電壓V，內部產生電場 $\vec{\mathcal{E}} = -\mathcal{E}\hat{x}$，電子看到一電位能 $E_C(x)$，如圖 3.10 所示，則電位能與電場的關係為

$$\frac{1}{e}\frac{dE_C(x)}{dx} = -\mathcal{E} \qquad (3.15)$$

1 維的電流傳導方程式可寫為

$$\vec{J}_n = ne\mu_n\vec{\mathcal{E}} + eD_n\frac{dn}{dx}\hat{x} \qquad (3.16)$$

因為電子濃度為

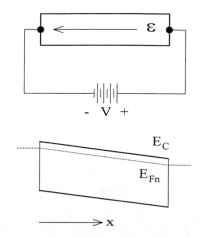

圖 3.10 半導體在外加電壓時的能帶圖。

$$n = N_C \exp(-\frac{E_C - E_{Fn}}{kT}) \qquad (3.17)$$

所以，我們有

$$\frac{dn}{dx} = -\frac{n}{kT}\frac{d}{dx}(E_C - E_{Fn}) \qquad (3.18)$$

電流則可改寫成

$$\vec{J}_n = n\mu_n \frac{dE_C}{dx}\hat{x} - \frac{eD_n}{kT}n\frac{d}{dx}(E_C - E_{Fn})\hat{x}$$

$$= n\mu_n \frac{dE_{Fn}}{dx}\hat{x} \qquad (3.19)$$

若為三維的情形，(3.19) 式變成

$$\vec{J}_n = n\mu_n \nabla E_{Fn} \qquad (3.20)$$

同理，電洞所產生的電流為

$$\vec{J}_p = p\mu_p \nabla E_{Fp} \qquad (3.21)$$

假設 (3.20) 及 (3.21) 式在空乏區內仍成立，則在順向偏壓下，由於 J_n 及 J_p 無論是否在空乏區內皆為定值，可利用這兩個式子來計算佛米級在空乏區內之變化，由以下的例子可以知道 E_{Fn} 或 E_{Fp} 在空乏區內幾乎是平的，只有到接近界面才有顯著之變化。

【例】考慮 Au 與 n 型 GaAs 所形成的蕭基能障。假若我們有如下的參數值：$n_o = N_D = 10^{16} / cm^3$, $\mu_n = 5000$ cm^2/V-sec 及 $q\phi_{Bn} = 0.95$ eV 。若加以 0.58V的順向電壓，則空乏區寬度為 $W \approx 1840 \overset{\circ}{A}$ 。

考慮電子電流密度為 $J_n = 1A / cm^2$ ，因為 $L_D = \sqrt{\in kT / (q^2 N_D)} \approx 400 \overset{\circ}{A}$ ，$n(x) = n_o e^{-qV/kT} = n_o e^{-(x-W)^2/2L_D^2}$ 及 $q\phi_n = 0.096$ eV ，故由 (3.19) 式知從0到 W ，E_{Fn} 之改變量 ΔE_F 為

$$\Delta E_{Fn} = \int_o^W \frac{J_n}{n\mu_n} dx = \frac{J_n}{n_o \mu_n} \int_o^W e^{\frac{(x-W)^2}{2L_D^2}} dx$$

$$= \frac{J_n}{n_o \mu_n} \int_o^W e^{\frac{x'^2}{2L_D^2}} dx'$$

$$\approx \frac{4 \times 10^{-6}}{10^{16} \times 5 \times 10^3 \times 1.6 \times 10^{-19}} \int_o^{W/L_D} e^{\frac{y^2}{2}} dy$$

$$= 5 \times 10^{-7} \int_0^{4.6} e^{\frac{y^2}{2}} dy \approx 4 \times 10^{-3} (eV)$$

由電子濃度 n 值可看出這微小之變化大部發生在接近介面之處，故在空乏區內絕大部分區域 E_{Fn} 可看成是平的。由此可知在空乏區內與中性區內之電子分佈幾乎都是處於熱平衡的，因此當整個熱電子由空乏區外通過空乏區內，所需拿走之能量只有 4×10^{-3} eV (由晶格音聲子散射)，這些微小的能量損失對實際負責傳導之高能電子，不論是其運動方向或分佈函數的影響極其微小，故可忽略散射效應，而只考慮熱游子放射模型。

如圖 3.11 所示，電子傳導的機制可分為四種：(1) 熱游子放射(TE)，(2) 熱游子電場放射 (TFE)，(3) 復合，(4) 少數載體入射，現逐項考慮如後。

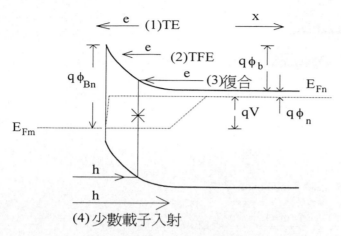

圖 3.11　當蕭基能障受到外加電壓時的電流成份。

3.5.1 熱游子放射

如圖 3.11 中的 (1) 所示，熱游子放射 (TE) 是考慮能量高於蕭基能障的電子所造成的電流。假設半導體與金屬間的界面爲 y,z 平面，且其能帶爲球形對稱

$$E(k) = \frac{\hbar^2 k^2}{2m_s^*} = \frac{\hbar^2}{2m_s^*}(k_x^2 + k_y^2 + k_z^2) \tag{3.22}$$

則電子在各方向的速度爲

$$v_x = \frac{1}{\hbar}\frac{\partial E}{\partial k_x} = \frac{\hbar}{m_s^*}k_x \ , \ v_y = \frac{\hbar}{m_s^*}k_y \ , \ v_z = \frac{\hbar}{m_s^*}k_z \tag{3.23}$$

在動量空間 $dk_x dk_y dk_z$ 中，每個能階所占體積爲 $(2\pi)^3$ (合兩個電子)，假設電子在界面沒有被反射，則由半導體射入金屬的電子所造成的電流爲

$$J_{s \to m} = \iiint e\frac{2dk_x dk_y dk_z}{(2\pi)^3}v_x f(E) \tag{3.24}$$

$$= \frac{em_s^{*3}}{4\pi^3\hbar^3} \int_{-\infty}^{\infty} \int_{-\infty}^{\infty} \int_{v_{x0}}^{\infty} v_x \exp\left(-\frac{q\phi_n}{kT}\right) \exp\left(-\frac{m_s^*(v_x^2 + v_y^2 + v_z^2)}{2kT}\right) dv_x dv_y dv_z$$

式中的 v_{x0} 等於 $\sqrt{2q\phi_b / m_s^*}$，完成此積分式可得

$$J_{s\rightarrow m} = A_s^* T^2 \exp\left(-\frac{q\phi_b}{kT}\right) \exp\left(-\frac{q\phi_n}{kT}\right)$$

$$= A_s^* T^2 \exp\left(-\frac{q(\phi_{Bn} - V)}{kT}\right) = J_0 \exp\left(\frac{qV}{kT}\right) \tag{3.25}$$

式中的 A_s^* 叫做 Richardson 常數

$$A_s^* = \frac{4\pi m_s^* e k^2}{h^3} = \frac{m_s^*}{m} \times 120 \text{ A/cm}^2\text{-K}^2$$

$$J_0 = A_s^* T^2 \exp\left[-\frac{q\phi_{Bn}}{kT}\right]$$

同理，由金屬熱游子放射注入到半導體內之電流密度為

$$J_{m\rightarrow s} = A_m^* T^2 \exp\left(-\frac{q\phi_{Bn}}{kT}\right) \tag{3.26}$$

上式中的 Richardson 常數 A_m^*

$$A_m^* = \frac{4\pi m_m^* e k^2}{h^3}$$

其中 m_m^* 為電子在金屬中的有效質量。顯然在所加偏壓 V=0 時，由於 $m_s^* < m_m^*$，所以有 $J_{s\rightarrow m} < J_{m\rightarrow s}$ 之結果，兩方向的電流大小不一樣，這是怎麼回事呢？原來電子由一種材料進入另一種材料，由於有效質量發生變化，使垂直介面的速度產生變化。由於平衡介面之動量不滅 $m_s^* \bar{v}_{s''} = m_m^* \bar{v}_{m''}$，故平行介面之能量會改變，例如 $\frac{1}{2} m_s^* v_{s''}^2 = \frac{1}{2} m_m^* v_{m''}^2 \left(\frac{m_m^*}{m_s^*}\right)$，由於 $m_m^* > m_s^*$，$\frac{1}{2} m_s^* v_{s''}^2 > \frac{1}{2} m_m^* v_{m''}^2$。故電子由金屬進入半導體時，平行介面之能量會增加。由能量不滅定律知道，垂直介面之能量則會減小，因此即使金屬內垂直介面的電子能量高於 $q\phi_{Bn}$，但在進入半導體後，垂直介面之能量可能因減

少到不能克服 $q\phi_{Bn}$ 而被彈回，無法完全通過。這時情況如同電磁波從一個密介質進入另一個疏介質一樣，一部份會被全反射。現假設電子撞上一位障的量子反射為零，則由半導體射向金屬之電子流不會有全反射，而金屬注入半導體之電子流扣除全反射後，應為 $J_{m\rightarrow s}(V=0) = J_{s\rightarrow m}(V=0) = J_0$。在加上偏壓V後，總電流成為

$$J(V) = J_{s\rightarrow m}(V) - J_{m\rightarrow s}(V) = J_{s\rightarrow m}(V) - J_\circ = J_\circ \left[\exp(\frac{qV}{kT}) - 1 \right] \quad (3.27)$$

通常當位障有不連續時 (如陡削之蕭基能障)，會產生量子反射 (quantum-mechanical reflection)，但當位障有曲度變得比較平滑，且與電子之物質波長相當時，量子反射就會下降到接近零。(3.27) 式是在假設沒有量子反射的結果。

【問題】當有效質量沿三個主軸$m_x{}^*, m_y{}^*, m_z{}^*$不相同時，而界面與三主軸所夾角之方向餘弦為 $\ell = \cos\alpha$， $m = \cos\beta$， $n = \cos\gamma$，則對某一單一導電帶最低點 i 而言，Richardson 常數中之有效質量為

$m_i{}^* = (\ell^2 m_y m_z + m^2 m_z m_x + n^2 m_x m_y)^{\frac{1}{2}}$

所有能帶最低點對 m^* 之貢獻為

$$m^* = \sum_i m_i{}^*$$

　　以下我們考慮導電電子在金屬附近所產生的蕭基效應 (Schottky effect，又稱為 Image force lowering) 是否真的存在？

　　在真空二極體中，當電子射出金屬後，形成空間電荷，會在金屬上感應一正電荷(位於 $-x$)，如圖 3.12 所示，形成一電場，對原電子產生作用力$F(x)$

$$F(x) = -\frac{q^2}{4\pi \in_0 (2x)^2} \quad (3.28)$$

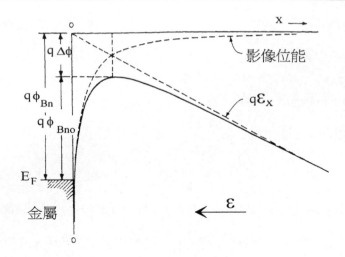

圖 3.12　蕭基效應。

將電子由∞推至 x 所作之功即為電子之位能

$$qV(x) = -\int_{\infty}^{x} F dx = -\frac{q^2}{16\pi \in_0 x} \tag{3.29}$$

當有外加電場 ε，則在空間造成一位能 $-q\varepsilon x$，全部之位能為

$$PE(x) = -\frac{q^2}{16\pi \in_0 x} - q\varepsilon x \tag{3.30}$$

上式的位能在 $x_m = \sqrt{q/16\pi \in_0 \varepsilon}$ 處產生一極大值為 $q\Delta\phi = q\sqrt{q\varepsilon/4\pi \in_0}$，也就是電子看到之位障，由於影像位能(image force)之影響，降低了 $q\Delta\phi$，隨著電場之增加，$\Delta\phi$ 亦增加。其效果是在順向電壓下(ε減小)，使得總電流變為

$$J = A_s^* T^2 \exp(-\frac{q\phi_{Bn} - q\Delta\phi}{kT}) \left[\exp(\frac{qV}{kT}) - 1 \right]$$

$$\approx J_0 (\exp(\frac{qV}{nkT}) - 1) \qquad n \geq 1 \tag{3.31}$$

而上式中的為 J_0

$$J_0 = A_s^* T^2 \exp(-\frac{q\phi_{Bno}}{kT}) \quad ; \quad q\phi_{Bno} = q\phi_{Bn} - q\Delta\phi(V = 0)$$

亦即使得 J 與 V 的關係中理想因子 (ideality factor) n 有大於 1 的可能性。

但事實上，由金屬射出者並不是一個單獨的電荷而是一層平面電荷，由高斯定律可以計算出在空間之電場應為一常數，並不是如前述之影像電場會隨位置而改變，故蕭基效應用影像電位之觀念來解釋並不適當。這裡是我們提供另一種解釋，由於電子之穿隧 (tunneling) 效應，使得金屬表面形成一層電偶 (dipole)，其造成之位能可由直接解 Poisson 位能而得出，不必訴諸額外之假設。其位能之形狀很像圖 3.12 的影像位能或圖 3.8 的接面漸變所造成之後果。

一般流行的理論，在移動率 (mobility) 高的半導體如 Si,GaAs 仍用熱遊子放射 (TE) 模型來描述電流傳導現象，而在移動率低的半導體如 CdS，非晶矽 (a-Si) 則用擴散理論，忽略了在穩定狀態下，TE 與擴散機制乃一體之兩面。

當蕭基位障加以順向電壓時，電子由半導體內注入金屬後變成多出載體，在金屬中會迅速的張弛 (relax) 而消失，其張弛之速率等於注入之速率，若知道張弛的方程式，電流也可用此種方程式來表示。

3.5.2 熱游子場放射

如圖 3.11 中的 (2) 所示，熱游子場放射 (Thermionic Field Emission, TFE) 是考慮能量略低於蕭基能障的電子所造成的電流。雖然這些電子的能量略小，但由於穿隧效應，它們仍是有機會穿透過能障而進入金屬。由 WKB (Wentzel-Kramers-Brillouin) 模型知當入射電子能量E小於位能 PE(x)，則有部分機會會穿透而過，當位能之變化很和緩時，則穿透之機率為

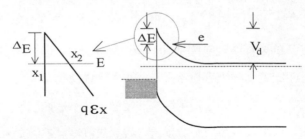

圖 3.13　三角形近似法。

$$T_t = \exp\left[-2\int_{x_1}^{x_2} |K(x)|dx \right] \tag{3.32}$$

式中的 x_1, x_2 是總位能 PE 與電子能量 E 的交點位置，而 K(x) 的定義爲

$$K(x) = \sqrt{\frac{2m^*}{\hbar^2}(PE(x) - E)} \tag{3.33}$$

現考慮接近位障尖端之電子，則有機會穿透位障而過，取 ΔE 爲從位障頂端向下量之能量，當 ΔE 很大時，穿透概率可定爲零，而 ΔE 很小時，頂端之位障可看成三角形，如圖 3.13 所示，根據 WKB 法，穿透之概率爲

$$T_t = \exp\left[-\frac{4\sqrt{2m^*q}\,\Delta E^{3/2}}{3\hbar\mathcal{E}} \right] \tag{3.34}$$

由空乏近似法可得

$$\mathcal{E} = \frac{qN_D}{\epsilon_s}W = \left(\frac{2qN_D}{\epsilon_s}V_d \right)^{1/2} \tag{3.35}$$

ϵ_s 是半導體的介電常數。假若我們定義如下的常數

$$\Delta\phi = \left(\frac{3\hbar}{4} \right)^{2/3}\left[\frac{N_D}{m^*\epsilon_s} \right]^{1/3}V_d^{1/3} \tag{3.36}$$

則 (3.34) 式可寫成

$$T_t = \exp\left[-\left(\frac{\Delta E}{\Delta \phi}\right)^{3/2}\right] \tag{3.27}$$

N_D 為雜質濃度，當 N_D 愈大，T_t 愈大。此時為簡化問題，我們把 $\Delta\phi$ 當成一有效位障降低高度，即當 $\Delta E = \Delta\phi$ 時（或 $\Delta E \le \Delta\phi$），電子可全數穿透而過，而 $\Delta E > \Delta\phi$ 時電子完全被擋住，電流可大略寫為

$$J_t = J_{th} + J_{tun} = A_s^* T^2 \exp\left[-\frac{q(\phi_{Bn} - \Delta\phi)}{kT}\right]\left[\exp(\frac{qV}{kT}) - 1\right] \tag{3.38}$$

類似 (3.31) 式的處理方式，我們仍可定義 $q\phi_{Bno} = q\phi_{Bn} - \Delta\phi(V = 0)$，而在 $qV \gg kT$ 總電流可近似為

$$J_t \approx A_s^* T^2 \exp\left[-\frac{q\phi_{Bno}}{kT}\right]\exp\left[\frac{qV}{nkT}\right] \tag{3.39}$$

其中的 $n \ge 1$ 叫做理想因子 (ideality factor)，而穿透電流 J_{tun} 與熱游子放射電流之比

$$\frac{J_{tun}}{J_{th}} = \frac{J_t - J_{th}}{J_{th}} = \exp(\frac{q\Delta\phi}{kT}) - 1 \tag{3.40}$$

當考慮接面漸變效應時，$\Delta\phi$ 是由接面漸變所造成，TFE 之貢獻可忽略。下面我們用一個例子來說明 TFE 之貢獻。

【例】對於某一 GaAs，我們有如下的參數值：$N_D = 10^{16} /cm^3$, $m^* = 0.067 m_o$, $\epsilon_s = 10^{12} F/cm$, $V_d = 0.8V$，則 $\Delta\phi = 0.02V$。

所以在室溫 $kT = 26\ meV = 0.026\ eV$，電流成份比 $J_{tun}/J_{th} \approx 1.2$；但在 77K 時，$kT \approx 6.64 \times 10^{-3}\ eV$，電流成份比變為 $J_{tun}/J_{th} \approx 17.3$，穿透電流佔多數。如用 (3.39) 式來描述電流，在 77K 時，n 值可增加到 1.2 左右。

3.5.3 復合與少數載體入射

電子和電洞的復合 (recombination) 所造成的電流，顯然存在於蕭基能障中，如圖 3.11 中的 (3) 所示，但其大小與熱游子放射電流相比太小，這可由實驗量得之n值通常小於1.1而證實（復合電流的 n=2 ，這會在下一章討論到），故一般都把復合電流忽略。

在金屬與n型半導體所形成之蕭基二極體中，半導體之電子會進入金屬而少數載體電洞會從金屬注入半導體，如圖 3.11 中的 (4) 所示，由此所造成的電洞電流為

$$J_p = A_s^* T^2 \exp\left[-\frac{E_g - q\phi_n}{kT}\right]\left[\exp(\frac{qV}{kT}) - 1\right] \tag{3.41}$$

上式中有關的 m* 須以電洞的有效質量代入，故電洞電流的注入比例 γ (injection ratio) 為

$$\gamma = \frac{J_p}{J_p + J_n} = \frac{m_h^*}{m_e^*} \exp\left[-\frac{E_g - q\phi_n - q\phi_{Bn}}{kT}\right] \tag{3.42}$$

因為 E_g-$q\phi_n$>$q\phi_{Bn}$ ($q\phi_{Bn}$ = 2E_g/3)，故J_p<<J_n。因此，蕭基位障SB可稱為主要載體元件，沒有少數載體儲存效應，可應用在高頻元件，如微波混合器等。

【例】考慮一 Au-(n)GaAs 電洞電流的注入比例。我們有如下的參數值：E_g = 1.42 eV, $q\phi_n$ = 0.05 V, $q\phi_{Bn}$ = 0.95 eV, m_h^* =0.082m_o +0.45m_o = 0.532m, m_e^* = 0.067 m_o，所以注入比例為

$$\gamma = \frac{0.532}{0.067} \exp\left(-\frac{0.42}{0.026}\right) = 8 \times 10^{-7} \qquad 比值非常小。$$

3.6 位障之量法

3.6.1 電壓電流法

測量蕭基能障的電流電壓關係圖，可以得出 J 與 V 的關係式 (J = J_0exp(qV/nkT))，並由 lnJ 與 V 關係圖中的縱軸截距求出J_0，因而求出位障 $q\phi_{Bn}$ 的大小

$$q\phi_{Bn} = nkT\ell n(\frac{A^*T^2}{J_0}) \tag{3.34}$$

通常當 n ≤ 1.1 時，量出之 $q\phi_{Bn}$ 很合理，n 大於 1.1 者除了有接面漸變效應外，還有表面氧化層及介面能階之影響，因此量出之 $q\phi_{Bn}$ 會太大，與實際不合。我們發現假若半導體表面有一層品質很差之材料 (例如 GaAs 表面 As 空隙太多)，所做出的蕭基能障其 n 值很大。

3.6.2 電容電壓法

本法乃測量蕭基能障的電容 (C) 電壓 (V) 關係圖，然後由其分析出位障的大小。所以，下面我們首先探討蕭基能障的等效電路及 C-V 關係式。

1. 蕭基二極體之等效電路

圖 3.14 是蕭基能障的等效電路，我們將其區分成空乏區及中性區，現逐項討論其重要性。

(1) R_d：空乏區電阻

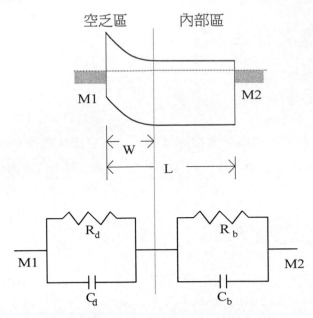

圖 3.14 蕭基二極體之等效電路

因為 $I = I_0[\exp(qV/kT)-1]$，故在順向偏壓下，$dI/dV = 1/R_d = qI/kT$，在 300 K 時，$R_d = 0.026/I\ (\Omega)$，而在 $V \to 0$ 時 $I = qI_0V/kT$，所以，$R_d \to kT/qI_0$。但在逆向偏壓下，除非有其他漏電流流過，$R_d \to \infty$。

(2) C_d：空乏區電容

通常我們測量電容所用的頻率為 $f = 1$ MHz，亦即 $\omega = 2\pi f = 2\pi \times 10^6$。假設 $W = 0.5\ \mu m$, $\in_s = 1.14 \times 10^{-12}$ F/cm ($\in_r = 12.9$)，故

$$\frac{1}{\omega C_d} = \frac{W}{\omega \in_s A} = \frac{5 \times 10^{-5}}{2\pi \times 10^6 \times 10^{-12} \times 1.14 A} \approx \frac{8}{A}(\Omega)$$

在順向電流密度 $J << 3.3 \times 10^{-3}$ A/cm² 以下，

$$R_d >> \frac{0.026}{3.3 \times 10^{-3} A} = \frac{8}{A}(\Omega)$$

此時R_d可忽略。但當$J \geq 10^{-2}$ A/cm^{2}以後，R_d變得很重要，而可忽略C_d，此時量C_d已無意義。

(3) R_b：中性區電阻

假設L=1 mm，$\sigma = 1$ $(\Omega - cm)^{-1}$則

$$R_b = \frac{L - W}{\sigma A} = \frac{10^{-1}}{1 \times A} = \frac{0.1}{A}(\Omega) << \frac{1}{\omega C_d}$$

若$L = 5 \times 10^{-4}$ cm，則$R_b = 10^{-4} / A(\Omega)$

(4) C_b：中性區電容

$$\frac{1}{\omega C_b} = \frac{10^{-1}}{2\pi \times 10 \times 1.14 \times 10^{-12} A} \approx \frac{1.4 \times 10^4}{A}(\Omega) >> R_b$$

若L=1.5 μm，則

$$\frac{1}{\omega C_b} = \frac{14}{A}(\Omega) >> R_b$$

故可忽略C_b。

在上述條件下，等效電路變成僅有 C_d 與 R_b 串聯而已，甚至連 R_b 也可忽略掉。最後我們強調一下電容之量法，電容計在量電容時是加一小交流(ac) 電壓 $V_a(t)$，而量相位超前90°之ac電流振幅 $i_a(t)$ 並定義電容 C 為

$$C \equiv \frac{i_a}{\omega V_a}$$

這是由$i_a = CdV_a / dt = j\omega C V_a$而來，故$C = idt / dV_a = |dQ / dV_a|$。

2. 蕭基能障電容與電壓之關係

關於 SB 的電容與電壓關係式，我們考慮底下三種情形：

(1)攙雜N_D均勻，且全部游離 $N_D = N_D^+ = n$

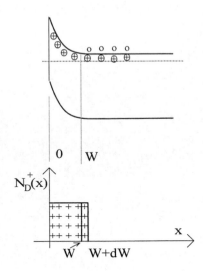

圖 3.15 在小交流信號下空乏區的邊長會伸長。

如圖 3.15 所示，若 W 為空乏區長度，此時加一小電壓 dV 使得空乏區伸長 dW，產生之多出空間電荷為

$$dQ = qN_D dW = qndW \qquad (3.44)$$

而電場之改變量為 $d\mathcal{E} = dQ/\epsilon_s = qndW/\epsilon_s$。由電場對位置之積分得

$$dV = Wd\mathcal{E} = W\frac{dQ}{\epsilon_s} \qquad (3.45)$$

故電容為

$$C = \left|\frac{dQ}{dV}\right| = \frac{\epsilon_s}{W} \qquad (3.46)$$

又由空乏近似法得

$$V_{bi} - V = \frac{qN_D}{2\epsilon_s}W^2 \qquad (3.47)$$

所以，我們可得如下的關係式

$$\frac{1}{C^2} = \frac{W^2}{\epsilon_s^2} = \frac{2}{q \, \epsilon_s \, N_D} (V_{bi} - V) \tag{3.48}$$

故可由 $1/C^2$ 對 V 之曲線斜率可找出 $N_D (= n)$ 之值，並由外差到電壓軸可得內建電位(built-in potential) V_{bi}。

(2)攙雜 N_D 不均勻，但仍全部游離

此時即使在空乏區外也有空間電荷，而且 $n(x) \neq N_D{}^+(x)$ ，如圖3.16(a)所示。當外加一小電壓dV後，空乏區伸長dW，此時所趕動之電子，不只局限於dW中而可延伸到相當遠之處。如圖 3.16(b) 所示的 $n-n^+$ 型半導體，當左方蕭基能障空乏區侵入右方 $n-n^+$ 接面累積區內，不但影響dW之電子濃度，而且遠在 n^+ 區之電子濃度也會受n型區域內佛米能階移動而改變，此時我們可定義一個視濃度(apparent carrier concentration) $n_a(W)$ ，用以表示電荷增加量

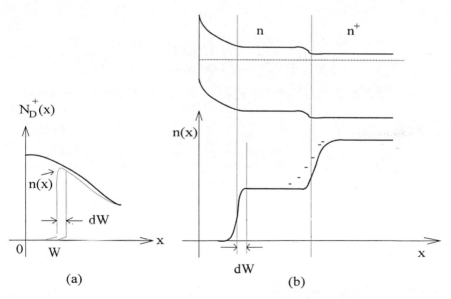

圖 3.16　空間電荷的變化，以 n-n+ 型半導體為例。

$$dQ = qn_a(W)dW \tag{3.49}$$

$n_a(W)$ 雖與 $n(W)$ 不同，但也相差不遠。而此時的電場之改變量為

$$d\mathcal{E} = \frac{dQ}{\epsilon_s} \tag{3.50}$$

由此得電位的改變量

$$dV = Wd\mathcal{E} = \frac{dQ}{\epsilon_s}W = \frac{qn_a(W)}{\epsilon_s}WdW \tag{3.51}$$

所以電容為

$$C = \left|\frac{dQ}{dV}\right| = \frac{\epsilon_s}{W} \tag{3.52}$$

又由於

$$\frac{d}{dV}\left(\frac{1}{C^2}\right) = \frac{2}{\epsilon_s}W\frac{dW}{dV} = \frac{2}{\epsilon_s qn_a(W)} \tag{3.53}$$

由此可得

$$n_a(W) = \frac{2}{q\,\epsilon_s\dfrac{d}{dV}\left(\dfrac{1}{C^2}\right)} = -\frac{C^3}{q\,\epsilon_s\left(\dfrac{dC}{dV}\right)} \tag{3.54}$$

故由 C-V 曲線之斜率代入上式可得 $n_a(w)$，但其值既非 $N_D^+(x)$ 也非 $n(x)$，但比較接近 $n(x)$。

(3) 攙雜 N_D 均勻，但沒有全部游離

　　在中性區內 $n(x) = n_o < N_D$，此時加一小電壓 dV，空乏區擴展 dW，如圖 3.17所示。空乏區電荷增加量有兩種算法

(i)表面多出 dW 之電量 $dQ = qN_DdW$

(ii)空乏區內部 λ 到 W 之間斜線之面積

$$dQ = q(N_D - n_o)dW + n_odW = qN_DdW \tag{3.55}$$

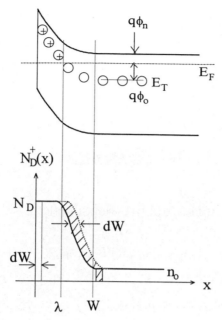

圖 3.17　攙雜均勻但未全部游離時的空乏區。

電壓變化量為

$$dV = \mathcal{E}(0)dW = \frac{Q}{\in_s}dW \qquad (3.56)$$

Q為原來空乏區所儲存之總電量qN_DW_{eff}，所以電容為

$$C = \left|\frac{dQ}{dV}\right| = \frac{qN_DdW}{\frac{Q}{\in_s}dW} = \frac{\in_s}{\frac{Q}{qN_D}} = \frac{\in_s}{W_{eff}} \qquad (3.57)$$

最後解得

$$\frac{1}{C^2} = \frac{2}{qN_D\in_s}[(V_{bi}-V)-\frac{kT}{q}(\ell n(1+2\alpha)+\frac{1}{1+2\alpha})] \qquad (3.58)$$

其中$\alpha = \exp(q\phi_o / kT)$，而由 $d(1/C^2)/dV$ 之斜率可求出摻雜 N_D 之大小，

而非n_o之大小。

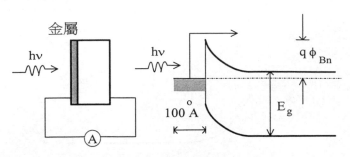

圖 3.18 光電法量蕭基能障高度。

3.6.3 光電法(Photoelectric Measurement)

如圖 3.18 所示，以光入射金屬(厚度非常薄，約100Å)內而激發電子跳越能障，以求得其大小。當入射光 $h\nu$ 滿足 $q\phi_{Bn} < h\nu < E_g$，則光電流收集效率 (collection efficiency) R可由Fowler 理論求得，其大小與 ν 的關係為

$$R \sim (h\nu - h\nu_0)^2 \qquad\qquad (3.59)$$

其中的$h\nu_o = q\phi_{Bn}$，故以$R^{1/2}$對$h\nu$作圖，可得$q\phi_{Bn}$。但實際上由於光源校正困難，此法並不是很可靠之方法。

3.7　實際元件所考慮因素

要做出好的蕭基能障，半導體表面之處理變得很重要，通常要蝕刻(etch) 表面 $100 \sim 200\overset{\circ}{A}$ 後，迅速放入真空系統，暴露在大氣的時間愈少愈好。一般鍍金屬的方法用(i)真空蒸鍍 $(5 \times 10^{-7}\,\text{Torr})$，(ii)濺射 (sputtering)，(iii)化學氣相沉積如 W，Ta 等高熔點金屬。

由於Si 的IC技術先進，連帶使得Si 的蕭基能障之技術最完備，通常設計時考慮的主要因素是提高反向崩潰電壓，也就是如何改進金屬尖銳之轉角，如圖 3.19 所示。

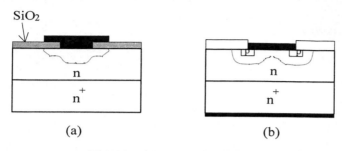

圖 3.19　實際上的 SB 元件。

　　圖 3.19 (a) 所示為金屬重疊法，此種結構在高電壓時，仍然不夠好，但被廣泛的應用在TTL(74S)輸出端totem-pole電路中做為蕭基能障箝制 (SB clamp)。這樣可以避免基集極順向偏壓過大，而造成電晶體飽合，使閘極延遲時間可減少到2~3 nS。圖 3.19 (b) 所示為擴散保護圈(diffused guard ring)法，此法的優點為提高崩潰電壓，但缺點為p-n接面雜電容較大造成恢復時間延長，而降低反應速率。

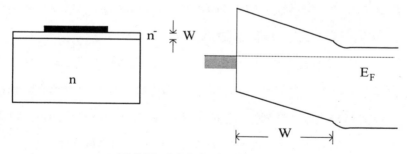

圖 3.20　減少空乏區的電容。

　　對蕭基能障元件而言電容的大小是非常重要的。在某些狀況下，如微波電路，需要極小的電容，但同時又希望增加接點的面積以提高元件的穩定性及可靠性，此時最好用如圖 3.20 的結構。在 n 型基板上長一層攙雜很低的n^-層，再鍍上金屬，如此形成之二極體叫 Mott barrier，電場在n^-層近似一

常數而電容 $C \approx \epsilon_s\, A\,/\,W =$ 常數，故若 W 很大(>10 μm)可降低元件電容。但有時為滿足電路需求，如 TV 解調器可設計一蕭基能障，使其電容與所加偏壓 V 之關係滿足一特定之關係，這可由調整攙雜之分佈而完成。

3.8　歐姆接點(Ohmic contact)

任何一個電子元件，其和金屬之接點非常重要，除了蕭基二極體外，一般都是要做很好的歐姆接點。什麼是歐姆接點呢？凡是不會影響到半導體體內導電的特性之接點均是。如何來做歐姆接點？理想的蕭基能障模型實際上並不存在，故得另尋途徑。一般而言，可用的方法有三：

1. 在接點附近攙入大量的雜質，使 $n \to n^+, p \to p^+$。由 TFE 模型知，雜質愈多，位障愈狹窄，穿透概率就愈大，故當 $n \to n^+, p \to p^+$，位障完全擋不住電子，而形同虛設。例如，$A\ell-(p)Si$，$Au(88\%)-Ge(12\%)$ on (n) GaAs，$Au(98\%)-Zu(2\%)$ on (p)GaAs 等都是利用這個原理。

2. 在界面加入很多復合中心 (recombination center)，也就是把界面打亂 (弄粗糙)，電子電洞很容易藉介面缺陷而復合，導至位障形同虛設。

3. 利用接面漸變效應 (junction grading effect, 請參考圖 3.8)，把金屬和半導體在界面附近混合成起來，而把位障消除掉，可把金屬噴到半導體上後，用燒結 (sintering) 方法產生合金，通常在450°C 燒5分鐘即可。例如，$Au(88\%)-Ge(12\%)$ 合金之 eutectic 溫度為 360°C，是 (n)GaAs, (n)AlGaAs 上做歐姆接點之好材料，Ge 除了可將 (n)GaAs 攙雜成為 n^+ 外，並形成異質接面。金屬 In 可在 (p)GaAs 或 (n)GaAs 上做很好的歐姆接點，由於 In 可與 GaAs 形成 $In_x Ga_{1-x}As$ 合金，降低接面的位障之故。

第四章 p-n 接面

首先我們考慮用同一種材料做成之 p 型及 n 型材料間所形成的同質接面 (homojunction)，然後才探討不同材料所形成的 pn 接面，稱為異質接面 (heterojunction)。

4.1　p-n 接面之形成

pn 接面之製做主要有三種技術：(1)擴散，(2)離子佈植，及 (3)磊晶成長，現分別介紹於下：

4.1.1 擴散 (Diffusion)

擴散是 IC 工業中最傳統之技術，主要分為兩個步驟，第一步是先用氣體在 Si 表面沉積一層雜質或塗上一層含有雜質之物質，叫做先期沈積 (predeposition)。雜質滲入 Si 晶體之原動力是化學平衡，即雜質在 Si 中之溶解度，這是由爐溫所決定，通常這一步驟之溫度較低，時間較短，可節省氣體。

雜質之分佈 C(x) 基本上滿足擴散方程式

$$\frac{\partial C}{\partial t} = D \frac{\partial^2 C}{\partial x^2} \tag{4.1}$$

其中的 x 是雜質擴散的方向，D 為擴散常數。假如 D 是個定值，且在晶體表面 x=0 處之雜質濃度為一常數 C_s，則上式的數學解為

$$C(x,t) = C_s \text{erfc}(\frac{x}{2\sqrt{Dt}}) = \frac{2C_s}{\sqrt{\pi}} \int_{\frac{x}{2\sqrt{Dt}}}^{\infty} e^{-y^2} dy \tag{4.2}$$

是一個 complementary-error-function。由於擴散時間很短，故 $\sqrt{Dt}$ 很小，可看成在晶體表面存在有一薄層的雜質。

第二步驟是將晶片再放入另一高溫爐做驅入(drive-in)擴散，在全部雜質數目固定的條件下，擴散後之分佈爲高斯分佈

$$C(x,t) = \frac{N_o}{\sqrt{\pi Dt}} \exp(-\frac{x^2}{4Dt}) \tag{4.3}$$

圖 4.1 所示是 erfc 及高斯兩函數的比較，其中高斯函數的 C_s 定義如圖中所示，是一時間的函數。

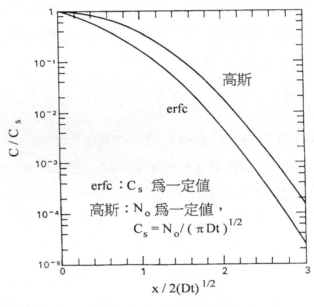

圖 4.1 erfc 及高斯兩函數。

4.1.2 離子佈植 (Ion implantation)

離子佈植是把雜質先游離成正離子，再加速將其打入晶體的一種技術。這種技術之優點是可以很精確的控制雜質濃度及雜質的純度，也較容易製造

較淺 (shallow) 的接面，很適於超大型積體電路 (VLSI) 之需要，其雜質分佈 $N_i(x)$ 爲高斯分佈

$$N_i(x) = \frac{N_o}{\sqrt{2\pi}\Delta Rp} \exp\left[-\frac{(x-Rp)^2}{2(\Delta Rp)^2}\right] \qquad (4.4)$$

其中 N_o 爲單位面積內植入的雜質總數 (dose)，Rp (range) 爲植入雜質的平均距離，ΔRp (straggle) 爲或雜質分佈之寬度（標準差）。

由於離子佈植產生大量缺陷，且將晶格打成非晶型 (佈植離子的原子序大於 6)，故需要退火 (anneal) 以恢復結晶型態。目前最常用者有高過爐、雷射及電子束退火，後兩種之好處是時間短，可維持局部性的退火而且雜質不會擴散。

4.1.3 磊晶成長 (Epitaxial growth)

要形成 pn 接面，可直接在 n 型半導體上長一層 p 型磊晶，生長的方法在 Si 爲 CVD (chemical-vapor-deposition)方法，其化學反應如下

$$SiC\ell_4 + H_2 \xrightarrow{\text{high temperature}} Si(solid) + HC\ell_g \qquad (4.5)$$

而化合物半導體則用 (1) 液相磊晶 (Liquid Phase Epitaxy, LPE) ，(2) 有機金屬氣相磊晶 (Metal-Organic CVD, MOCVD) ，(3) 分子束磊晶 (Molecular Beam Epitaxy, MBE)來生長。其優點是雜質分佈均勻，厚度可精確控制，缺點是 p-n 接點介面會有氧碳等雜質存在比較不乾淨。

最後下一結論，在用磊晶成長法所做出之 pn 接面其雜質分佈如圖 4.2 (a) 所示，從施體到受體之變化非常急驟，叫做陡削（階梯）接面 (abrupt (step) junction)。在用擴散法或離子佈植法所做出之 pn 接面，則有一指數下降之雜質(N_A)與一均勻分佈之背景雜質(N_D)，故在接面附近之淨雜質分佈如圖 4.2 (b) 所示，可用一線性漸變 (linearly graded) 的函數來近似

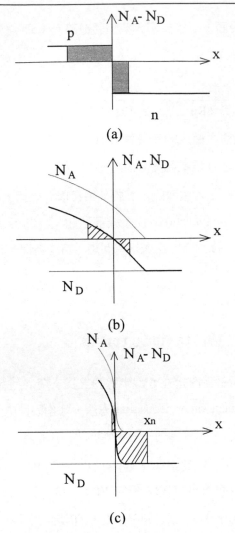

圖 4.2 各種接面 (a)梯形接面 (step junction)，(b) 線性漸變接面 (linearly graded junction)，(c) 單邊階梯接面 (one-sided step junction)，斜線部份爲空乏區。

$$N_A - N_D = ax \tag{4.6}$$

此時若空乏區之寬度遠小於擴散寬度$2\sqrt{Dt}$，如圖 4.2 (b) 所示，則整個空乏區之電位電場之分佈可用 $N_A^- - N_D^+ = ax$ 之離子分佈來決定。但若空乏區

長度 x_n 遠大於雜質擴散寬度，如圖 4.2(c) 所示，則用單邊階梯接面 ("one-seded" step junction) 來描述更適當。

4.2 同質接面 (Homojunction)

同質單接面是用一種材料做成的 pn接面，沒有介面能階(interface state) 存在，理論上處理起來相當簡單。底下分別就階梯接面 (step junction) 及 線性漸變接面 (linearly graded junction) 討論之。

4.2.1 階梯接面

首先要建立元件的帶圖(band diagram)，可分為二個步驟：

(1)空間電荷中性 (space-charge neutral) 狀態

如圖 4.3 所示，將 pn 兩材料接觸同時將電子電洞凍在原地保持空間電荷中性，此時兩者佛米級之相對位置由材料內各自的摻雜濃度來決定，其中的 qV_{bi} 是兩者佛米級之差，稱之為內建位能，然後讓電子電洞開始流動。

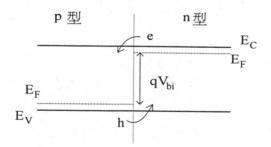

圖 4.3 p 及 n 互相接觸且保持空間電荷中性時的帶圖。

(2)靜電位能 (Electrostatic) $qV(x)$ 的產生

由於電洞會從 p 型材料流向 n 型，電子則反之，故在 p 型及 n 材料中各出現帶負電及正電的離子電荷，產生一靜電位能直到兩邊的佛米級拉平。如

圖 4.4 所示，我們可用空乏區近似法 (depletion approximation) 及邊界條件
$N_A x_p = N_D x_n$，來解 Poisson 方程式，而得到空乏區寬度 W

$$W = x_n + x_p = \sqrt{\frac{2 \in_s}{q} (\frac{N_A + N_D}{N_A N_D})(V_{bi} - V)} \qquad (4.7)$$

元件帶圖是由圖 4.3 及圖 4.4 的兩個電位能相加而成，如圖 4.5 所示。

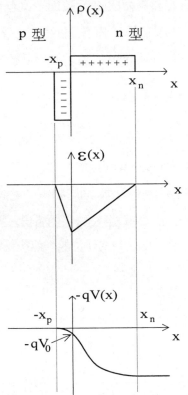

圖 4.4 pn 接面空乏區內內建位能產生之步驟。

在推導 (4.7) 式時，我們用了空乏區近似法，但是這個假設在接近 p-n
介面是否成立？現以單邊階梯接面 (one-sided step junction) 為例來說明。考
慮一個 p^+n 接面摻雜 $N_A = 10^{18} / cm^3, N_D = 10^{15} / cm^3, W \approx x_n >> x_p$，則
Poisson 方程式在 n 型空乏區為

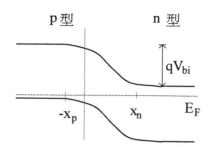

圖 4.5 pn 接面的能帶圖。

$$\frac{d^2V}{dx^2} = -\frac{q}{\epsilon_s}(N_D^+ + p - n) = -\frac{q}{\epsilon_s}\left[N_D + N_V \exp(-\frac{E_F - E_V(x)}{kT})\right]$$

$$= -\frac{q}{\epsilon_s}[N_D + N_A e^{-qV(x)/kT}] \tag{4.8}$$

當qV=0.18 eV時，$N_D = p = N_A e^{-0.18/kT}$，故在 p^+n 介面附近 n 型區內 qV 尚未達到 0.18 eV 時，電洞之數目遠大於施體濃度 $p \gg N_D$，故空乏區假設不成立，而位障應呈指數下降，而非二次式下降，故必須用計算機來解。

我們也可用 (4.8) 式來計算界面的電容值，並與空乏區假設的結果相互比較。將 (4.8) 式兩邊對 V 積分可得

$$\left(\frac{dV}{dx}\right)^2 - \left(\frac{dV}{dx}\right)^2\bigg|_{x=0} = -\frac{2q}{\epsilon_s}\int_{V_0}^{V(x)}\frac{1}{\beta}(N_D + N_A e^{-\beta V})d(\beta V) \tag{4.9}$$

$$= -\frac{2q}{\epsilon_s}[N_D(V(x) - V_0) + \frac{N_A}{\beta}(e^{-\beta V_0} - e^{-\beta V(x)})]$$

其中 $\beta = q/kT$，$V_0 = V(x = 0)$，在 $x = x_n$ 處 $\frac{dV}{dx}=0$，解得

$$\left(\frac{dV}{dx}\right)_0 = \{\frac{2q}{\epsilon_s}[N_D(V_{bi} - V - V_0) + \frac{N_A}{\beta}(e^{-\beta V_0} - e^{-\beta(V_{bi}-V)})]\}^{1/2} \tag{4.10}$$

由此可得儲存電荷

$$Q = \epsilon_S \left(\frac{dV}{dx}\right)_0 = \{2q \in_S [N_D (V_{bi} - V - V_0) + \frac{N_A}{\beta}(e^{-\beta v_0} - e^{-\beta(V_{bi}-V)})]\}^{1/2} \quad (4.11)$$

而電容值為

$$C = \left|\frac{dQ}{dV}\right| = \sqrt{\frac{q \in_S}{2}} \frac{N_D + N_A e^{-\beta(V_{bi}-V)}}{[N_D (V_{bi} - V - V_0) + \frac{N_A}{\beta}(e^{-\beta v_0} - e^{-\beta(V_{bi}-V)})]^{1/2}} \quad (4.12)$$

如圖 4.6 所示，由 (4.12) 式計算的電容值（實線）與由空乏區假設所得結果（點線）的比較，兩者差距頗大。事實上，實驗所得結果較為接近 (4.12) 式的結果，故由 $\frac{1}{C^2}$ 對 V 之圖所得出在 V 軸之截距並不是內建電位 V_{bi}。

另由 $Q = qN_A x_P$ 可計算求得在 $x = 0$ 的電位 V_0（請參考圖 4.4 的 qV 曲線）

$$V_0 = \frac{qN_A}{2 \in_S} x_P^2 = \frac{Q^2}{2 \in_S qN_A} = \frac{N_D}{N_A}(V_{bi} - V - V_0) + \frac{1}{\beta}(e^{-\beta v_0} - e^{-\beta(V_{bi}-V)}) \quad (4.13)$$

$$\approx 0.02 (Volt)$$

此處仍假設 $N_A = 10^{18}/cm^3$, $N_D = 10^{15}/cm^3$，故此值太小可以忽略。

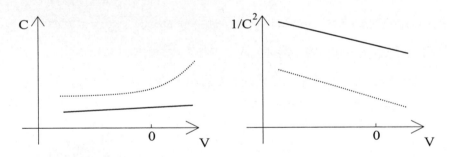

圖 4.6　二極體電容與電壓的關係。其中實線是由 (4.12) 式計算而得，而點線是由空乏區假設計算而得。

4.2.2 線性漸變(Linearly graded)接面

首先考慮一個半導體內雜質分佈不均勻會造成什麼後果。如圖 4.7 所示，$N_D - N_A$ 之分佈由負到正,由於電子之數目隨位置有了變化，因此會向

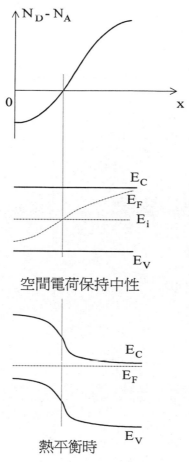

空間電荷保持中性

熱平衡時

圖 4.7 線性漸變接面的熱平衡。

左方擴散，而在原位置留下正離子，產生空間電場，這電場之方向朝向 -x
方向可以阻擋電子繼續擴散的趨勢，一直到佛米能階拉平時，靜電場所造成
之遷移電流正好與擴散電流相等而達成熱平衡。

空間所產生的靜電位能為

$$\phi = -\frac{1}{q}(E_C - E_F) \text{ 或 } \phi = -\frac{1}{q}(E_i - E_F) \qquad (4.14)$$

故靜電場為

$$\mathcal{E}_x = -\frac{d\phi}{dx} = \frac{1}{q}\frac{dE_C}{dx} = \frac{1}{q}\frac{dE_i}{dx} \tag{4.15}$$

這個體內產生之靜電場是否可正好可以平衡多數及少數載體電流呢？

由電子電流為零

$$J_n = qn\mu_n\mathcal{E}_x + qD_n\frac{\partial n}{\partial x} = 0 \tag{4.16}$$

可得電場強度 $\mathcal{E}_x$ 為

$$\mathcal{E}_x = -\frac{D_n}{n\mu_n}\frac{\partial n}{\partial x} = -\frac{kT}{q}\frac{1}{n}\frac{\partial n}{\partial x} \tag{4.17}$$

同理，若電洞電流為零

$$J_p = qp\mu_p\mathcal{E}_x + qD_p\frac{\partial p}{\partial x} = 0 \tag{4.18}$$

則所需的電場強度 $\mathcal{E}_x$ 為

$$\mathcal{E}_x = \frac{kT}{q}\frac{1}{p}\frac{\partial p}{\partial x} \tag{4.19}$$

(4.17) 及 (4.19) 式是一致的。因為 $pn = n_i^2 = $ 常數，所以

$$-\frac{1}{n}\frac{\partial n}{\partial x} = \frac{-p}{n_i^2}n_i^2\frac{\partial}{\partial x}\left(\frac{1}{p}\right) = \frac{1}{p}\frac{\partial p}{\partial x} \tag{4.20}$$

兩者完全相同，表示靜電場的確可同時平衡電子及電洞電流。

由於電子會流動導致電子濃度與施體濃度 N_D 並不相同，接下來的問題就是他們之間的關係到底如何？由 Poisson 方程式

$$\frac{d^2\phi}{dx^2} = -\frac{q}{\epsilon}(p - n + N_D^+ - N_A^-) \tag{4.21}$$

及電子及電洞濃度

$$n = n_i \exp\left[\frac{E_F - E_i}{kT}\right] = n_i \exp\left(\frac{q\phi}{kT}\right) \tag{4.22}$$

$$p = n_i \exp\left(-\frac{q\phi}{kT}\right) \tag{4.23}$$

可推得

$$\frac{d^2\phi}{dx^2} = \frac{q}{\epsilon}\left[2n_i \sinh\left(\frac{q\phi}{kT}\right) + N_A - N_D\right] \tag{4.24}$$

通常這個式子必須用數值分析來解，但是我們也可以大約估計一下。例如在 n 型矽中，$N_D - N_A$ 在 0.5 μm 內從 $10^{18} / cm^3$ 降至 $10^{16} / cm^3$，這種雜質之改變量導致內建 (built-in) 電位

$$V_{bi} = \frac{kT}{q}\left[\ell n\frac{N_c}{N_{D1} - N_A} - \ell n\frac{N_c}{N_{D2} - N_A}\right] \approx 0.11 \quad V$$

即在 0.5μm 內有 0.11V 之位降，表示電場 ϵ 在 0.5μm 內由零以線性方式增加到最大值 ϵ_{max}

$$\epsilon_{max} \approx 4.4 \times 10^3 V / cm$$

而 ϵ 由 0 到 ϵ_{max}，表示

$$\frac{d\epsilon}{dx} \approx 8.8 \times 10^7 V / cm^2$$

又由如下的方程式，可得空間淨電荷濃度 $\triangle$

$$\frac{d^2\phi}{dx^2} = -\frac{d\epsilon}{dx} = -\frac{q}{\epsilon}(N_D - N_A - n) = -\frac{q}{\epsilon}\Delta \tag{4.25}$$

可推得

$$|\Delta| \approx -\frac{1.14 \times 10^{-12}}{1.6 \times 10^{-19}} \times 8.8 \times 10^7 \approx 6.3 \times 10^{14} / cm^3$$

遠小於實際電子濃度及摻雜濃度 $N_D - N_A$，故材料可看成是近似中性 (quasi-neutrality) $n \approx N_D - N_A$。

考慮一線性漸變接面 $N_D - N_A = ax$，空乏區 $-W/2 \leq x \leq W/2$，利用 Poisson 方程式及空乏區假設可以求得

$$V_{bi} - V = \frac{qaW^3}{12 \, \epsilon_s} \qquad (4.26)$$

亦即

$$W = \left[\frac{12 \, \epsilon_s}{qa} (V_{bi} - V) \right]^{1/3} \qquad (4.27)$$

空乏區寬度與電位之關係為 $\frac{1}{3}$ 次方。

4.3　電流傳導機制

4.3.1　傳統理論

　　1949年 Shockley 首先導出了雙極電晶體 (pnp, npn) 的電流傳導理論，在同篇論文中也順便導出了 pn 接面電流之擴散理論 (diffusion theory)，其中最重要的關鍵是在空乏區邊界條件之選擇。下面我們先介紹 Shockley 擴散理論，再看看這個理論出了什麼問題。

　　如圖 4.8 所示，在 p 及 n 型之空乏區以外區域 $(x > x_n，x < -x_p)$，由於導電度正常，故可以利用電荷中性條件來解 Ambipolar 方程式，而多出載體之行為可由少數載體來決定。

　　考慮 n 型半導體之近似中性 (quasi-neutral) 區域中，對電洞而言，由於電場 $\mathcal{E} = \mathcal{E}_{ap} + \mathcal{E}_{sp}$ 所造成之遷移電流遠小於擴散電流 (所加電壓幾乎全部落在空乏區，加在中性區域者很小)，故在穩定狀態下 $(\partial / \partial t = 0)$，Ambipolar 方程式可簡化為

$$-\frac{\Delta p}{\tau} + D_p \frac{\partial^2 \Delta p}{\partial x^2} = 0 \qquad (4.28)$$

所以解得

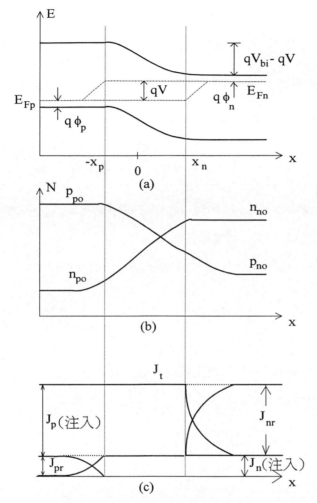

圖 4.8 當二極體加上電壓時之 (a) 帶圖，(b) 載體分佈圖及 (c) 電流分佈圖。

$$\Delta p(x) = \Delta p(x_n) e^{-\frac{x-x_n}{L_p}} \tag{4.29}$$

其中 $L_p = \sqrt{D_p \tau}$ ，而電洞之電流密度在 $x \geq x_n$ 處變成

$$J_p(x) = -qD_p \frac{\partial \Delta p(x)}{\partial x} = \frac{qD_p}{L_p} \Delta p(x_n) e^{\frac{-(x-x_n)}{L_p}} \tag{4.30}$$

在 $x = x_n$ 處的電洞電流為

$$J_p(x_n) = \frac{qD_p}{L_p} \Delta p(x_n) \qquad (4.31)$$

同理在 p 型半導體，也可得出類似之公式

$$J_n(-x_p) = \frac{qD_n}{L_n} \Delta n(-x_n) \qquad (4.32)$$

全部電流密度為

$$J = J_p(x_n) + J_n(-x_p) \qquad (4.33)$$

而此時邊界條件為：E_{Fn} 從 ∞ 到 $-x_p$ 近乎是平的，E_{Fp} 從 $-\infty$ 到 x_n 也是近乎平的，如圖 4.8 所示，故所加電壓 V 滿足

$$qV = E_{Fn}(-x_p) - E_{Fp}(-x_p) = E_{Fn}(x_n) - E_{Fp}(x_n) \qquad (4.34)$$

由此得

$$\Delta p(x_n) = p_{no}(e^{qV/kT} - 1) \qquad (4.35)$$

$$\Delta n(-x_p) = n_{po}(e^{qV/kT} - 1) \qquad (4.36)$$

其中 p_{no} 為 n 型中性區內電洞之濃度，n_{po} 為 p 型中性區內電子之濃度。

全部電流密度 J 可寫為

$$J = (\frac{qD_p p_{no}}{L_p} + \frac{qD_n n_{po}}{L_n})(e^{\frac{qV}{kT}} - 1) = J_o(e^{\frac{qV}{kT}} - 1) \qquad (4.37)$$

由上述推導的過程，可以發現很多問題需要更進一步探討，例如

(A)為什麼不考慮載體從注入到擴散的整個運動過程？而只考慮注入以後成為少數載體的擴散過程？

(B)為什麼總電流 J 是在 x_n 處之電洞電流加上在 $-x_p$ 處的電子電流之和，$J = J_p(x_n) + J_n(-x_p)$，而不是在 x_n（或 $-x_p$）處之電子及電流和，即

$$J = J_p(x_n) + J_n(x_n) = J_p(-x_p) + J_n(-x_p)$$

(C) 佛米階 E_{Fn} 或 E_{Fp} 從半導體內部到空乏區邊界的確是平的嗎？若不正確，什麼才是更合理之邊界條件？

4.3.2 統一理論

事實上只要選擇適當的邊界條件，也就是"電流平衡"這個觀念就可以解決全部的問題。首先考慮電子之傳導，電子從 n 型區以熱游子放射 (TE) 方式躍過空乏區進入 p 型區

$$J_{TE} = J_{nEO} \exp(\frac{qV}{kT}) \tag{4.38}$$

其中

$$
\begin{aligned}
J_{nEO} &= A_n^* T^2 \exp(-\frac{qV_{bi} + q\phi_n}{kT}) = \frac{4\pi m_e^* q k^2}{h^3} T^2 \exp(-\frac{qV_{bi} + q\phi_n}{kT}) \\
&= 2(\frac{2\pi m_e^* kT}{h^2})^{3/2} \exp(-\frac{q\phi_n}{kT}) \frac{q}{4} (\frac{8kT}{\pi m_e^*})^{1/2} \exp(-\frac{qV_{bi}}{kT}) \\
&= n_o q \frac{v_n}{4} \exp(-\frac{qV_{bi}}{kT})
\end{aligned}
\tag{4.39}
$$

其中 $v_n = (8kT / \pi m_e^*)^{1/2}$ 爲電子熱平均速度，n_o 爲 n 型中性區域內 $(x \gg x_n)$ 之電子濃度。進入 p 型區之電子變成少數載體，其分佈函數在幾個張弛時間內受到散射而隨機化，並滿足波茲曼分佈，因此可用擴散電流來描述。同時波茲曼分佈的電子也會反向熱游子放射回 n 型區，因此邊界條件變成

$J_n(-x_p) = J_{nEO} \exp(\frac{qV}{kT})$ (熱游子放射注入 p 型區) $-n(-x_p) q \frac{v_n}{4}$ (反向放射回 n 型區)

$$= qD_n \frac{\partial n(x)}{\partial x}\Big|_{x=-x_p} = \frac{qD_n}{L_n} \Delta n(-x_p) \text{ (p 型區內之擴散)} \tag{4.40}$$

因為 $n(x) = n_{po} + \Delta n(-x_p)e^{(x+x_p)/L_n}$ ，所以 $\Delta n(-x_p) = n(-x_p) - n_{po}$ 。又因為 $n_{po} = n_o \exp(-qV_{bi}/kT)$ ，故由 (4.39) 式可得 $n_{po}qv_n/4 = J_{nEO}$ 。由以上結果可解得

$$\Delta n(-x_p) = \frac{J_{nEO}(e^{qV/kT} - 1)}{\frac{qD_n}{L_n} + \frac{qv_n}{4}} \tag{4.41}$$

而淨電子電流為

$$J_n(-x_p) = qD_n \frac{\partial n(x)}{\partial x} = \frac{J_{nEO}}{1 + \frac{J_{nEO}}{J_{de}}}(e^{qV/kT} - 1) \tag{4.42}$$

其中的 $J_{de} = qD_n n_{po}/L_n$ 即為 (4.37) 式所導出的傳統擴散電流。同理，對於淨電洞電流

$$J_p(x_n) = \frac{J_{pEO}}{1 + \frac{J_{pEO}}{J_{dp}}}(e^{qV/kT} - 1) \tag{4.43}$$

全部電流為兩者之和

$$J = J_n(-x_p) + J_P(x_n) \tag{4.44}$$

由 (4.44) 式可知，當熱游子放射電流遠大於擴散過程 $J_{nEO} >> J_{de}$ ，則 $J_n(-x_p)$ $= J_{de}$ (exp(qV/kT)-1)由擴散電流決定淨電流之大小。若 $J_{nEO} << J_{de}$ ，則 $J_n(-x_p)$ $= J_{nEO}$ (exp(qV/kT)-1)，由熱游子放射電流決定淨電流之大小。故真正電流之大小是由何者係瓶頸反應所決定。

【例】GaAs pn 接面，p 型區之摻雜 $N_A = 10^{17}/cm^3$ ，則佛米級距離價電帶為

$$q\phi_p = kT\ell n \frac{N_V}{N_A} = 0.11 \text{ eV}$$

由此推算出 $n_{po} = 3.2 \times 10^{-5}/cm^3$ ，又因為 $D_n = 4000cm^2/sec$ ， $\tau = 10^{-8} sec$ ， $L_n \approx 63 \ \mu m$ ， $A^* = 8$ ，所以有

$$J_{nEo} = 8 \times 300^2 \times \exp(-\frac{1.314}{0.026}) = 6.35 \times 10^{-17} \text{A} / \text{cm}^2$$

$$J_{de} = \frac{1.6 \times 10^{-19} \times 4000}{6.3 \times 10^{-5}} \times 3.2 \times 10^{-5} = 3.2 \times 10^{-18} \text{A} / \text{cm}^2$$

因此 $J_{nEO} >> J_{de}$，電流大小係由擴散電流所決定。在一般 GaAs 或 Si pn 接面中，若 p 及 n 型區之長度遠大於載體之擴散長度，則接面電流大多由擴散電流所決定。

_____

少數載體如電子注入 p 型區後，多數載體電洞所作之反應是使電荷中性成立及維持 $J(x) = J_p(x) + J_n(x) =$ 常數，所以載體之分佈情形，如圖 4.8(b) 所示，在接近空乏區邊緣位置，電子電洞之濃度均高於平衡之值(電荷中性)，而電子電洞 J_n（注入）之電流 J_p（注入）分佈情形則可以圖 4.8(c) 表之。電子電流包含了電子注入電流及嚮應入射電洞之嚮應電流J_{nr}，J_{nr} 又可分為遷移及擴散電流，在遠離接面的地方全部為遷移電流，在接近接面時為了遮蔽注入電洞而出現擴散電流，但由於其性質係嚮應入射的電洞，故兩者之和在 $x > x_n$ 之任一點的大小均與注入電流 J_p（注入）大小一致。

4.3.2 接面復合電流

接面復合電流又稱為空間電荷復合電流 (space charge recombination current)，出現在 pn 接面的空乏區內。由實驗得知一般 pn 接面之電流電壓特性可寫為 $I = I_o [\exp(qV/nkT) - 1]$，kT 前出現一理想因子 n 與前節所述理論不合，而 n 值隨不同材料的表現並不一樣。如圖 4.9 所示，對半導體 Ge (E_g=0.66 eV) 而言，pn二極體的理想因子 n=1，直到串聯電阻明顯的影響到

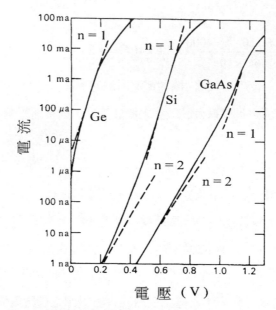

圖 4.9 pn 接面電流電壓特性。(錄自：A. S. Grove, Physics and Technology of Semiconductor Devices, John Wiley & Sons, Inc., 1967)

電流電壓特性。對 Si(1.1 eV) 而言，低電流之 n = 2，到高電流時轉換到 n = 1。 對 GaAs(1.4 eV) 而言，大部份區間 n 都等於 2，幾乎看不到 n = 1 之區間。對 AlGaAs 及 GaP 等高帶溝之二極體而言，直到電阻佔優勢之區間 n 都等於 2，幾乎看不到 n = 1 之區間。故必須用一模型來解釋 n = 2 之現象，這可由 Read-Shockley 復合公式推導出。

根據 (2.103) 式在穩定狀態下，電子電洞之復合速率 R

$$R = \frac{\sigma_p v_p N_t (np - n_i^2)}{n + \bar{n} + r(p + \bar{p})} = \frac{np - n_i^2}{\tau_p(n + \bar{n}) + \tau_n(p + \bar{p})} \qquad (4.45)$$

其中 $r = (\sigma_p v_p)/(\sigma_n v_n)$ ，而 $\tau_p = (\sigma_p v_p N_t)^{-1}$ ，$\tau_n = (\sigma_n v_n N_t)^{-1}$ 分別為電洞及電子之生命期。另外，

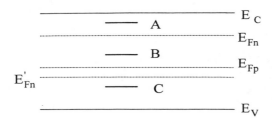

圖 4.10 陷阱能階及佛米能階的位置。

$$n = N_c \exp[-\frac{E_c - E_{Fn}}{kT}] \qquad 爲電子濃度代表捕捉電子之快慢$$

$$p = N_v \exp[-\frac{E_{Fp} - E_V}{kT}] \qquad 爲電洞濃度代表捕捉電洞之快慢$$

$$\bar{n} = \frac{N_c}{2} \exp[-\frac{E_c - E_T}{kT}] \qquad 爲佛米能階 E_F 落在陷阱能階 E_T 時電$$

子濃度之半，代表放射電子之快慢

$$\bar{p} = 2N_v \exp[-\frac{E_T - E_V}{kT}] \qquad 代表放射電洞之快慢$$

現考慮陷阱能階之位置對復合速率之影響。其位置如圖 4.10 所示，n 型半導體內有 A、B 及 C 三種缺陷，當有多出的電子電洞注入時，近似佛米能階 (quasi-Fermi level) E_{Fn} 及 E_{Fp} 會分開。現在定義一個能階 E'_{Fn}，其位置隨 E_{Fn} 而變化（E'_{Fn} 具有如下之特性：當 $E_{Fp} = E'_{Fn}$ 時，$n = p\tau_n / \tau_p = rp$），即 E'_{Fn} 代表了電子濃度與電洞濃度之比例爲 r 時，E_{Fp} 該在的位置。定義此能階之目的，是爲了在討論復合速率 R 中，各種載體濃度（n 與 rp）大小之比而用。

考慮如圖 4.10 的三種缺陷 A、B、C 其能階 E_A、E_B、E_C 滿足下列條件

$$E_A \geq E_{Fn} + 2kT，E_{Fn} - 2kT \geq E_B \geq E_{Fn} + 2kT，E_C \leq E'_{Fn} - 2kT$$

用 2kT 之目的，係因爲兩能階差上 2kT 則他們所代表的載體濃度可相差到 7 倍以上，因此可明顯忽略較小的項。

(1)對陷阱 A 而言，由上面第一條件可得 $\bar{n} >> n >> rp >> r\bar{p}$，故復合速率 R_A 可簡化為

$$R_A = \frac{np}{\tau_p(n+\bar{n}) + \tau_n(p+\bar{p})} = \frac{np}{\tau_p\bar{n} + \tau_n p} << \frac{np}{\tau_p n + \tau_n p}\left(\approx \frac{np}{\tau_p n} = \frac{p}{\tau_p}\right)$$

(2)對陷阱C 而言，由上面第三條件可得 $\bar{p} >> \frac{n}{r} >> \bar{n}$ or p，所以

$$R_C = \frac{np}{\tau_p(n+\bar{n}) + \tau_n(p+\bar{p})} = \frac{np}{\tau_p n + \tau_n \bar{p}}\left(\approx \frac{np}{\tau_n \bar{p}}\right) << \frac{np}{\tau_p n + \tau_n p}$$

(3)對陷阱 B 而言，由上面第二條件可得 $n >> \bar{n}$, $\frac{n}{r} >> \bar{p}$，

若 B 在 E_{Fn} 與 E_{Fp} 之間，則 $(p >> \bar{p})$

$$R_B = \frac{np}{\tau_p n + \tau_n p}$$

若 B 在 E_{Fp} 與 E'_{Fn} 之間，則 $\bar{p} > p$，可得

$$R_B \approx \frac{np}{\tau_p n + \tau_n \bar{p}} \le \frac{np}{\tau_p n + \tau_n p}$$

因為 $\frac{n}{r} >> \bar{p}$，故 $\tau_p n >> \tau_n \bar{p}$，後面的 R_B 與前面的 R_B 相差不多。則由上分析， 對陷阱 B 而言 $R_B >> R_A$ 或 R_C，可知處在兩近似佛米能階 E_{Fn} 及 E_{Fn}' 間之缺陷能階可以提供最大的復合速率。缺陷A之復合速率很小的原因是它的電子熱放射速率太大，被捕捉之電子還來不及跟電洞復合就跳回導電帶了，同理缺陷C也是電洞熱放射速率太快，而使得復合速率變小。因此只要缺陷在帶溝內之分佈為常數或為單獨的能階，而非朝向導電帶(或價電帶)呈指數上升的分佈，則我們只需要考慮位於 E_{Fn} 與 E_{Fn}' 間之缺陷對復合速率之貢獻即可，其他缺陷可以忽略。故有

$$R = \frac{pn}{\tau_p n + \tau_n p} = \frac{pn}{\sqrt{pn\tau_n\tau_p}\left[\sqrt{\frac{\tau_p n}{\tau_n p}} + \sqrt{\frac{\tau_n p}{\tau_p n}}\right]} = \frac{(pn)^{1/2}}{\sqrt{\tau_p\tau_n}(\beta^{-\frac{1}{2}} + \beta^{\frac{1}{2}})} \quad (4.46)$$

其中的 $\beta = \dfrac{\tau_n p}{\tau_p n}$，當 pn 為常數時，R 在 $\beta = 1$ 時有一最大值

$$R_{max} = \frac{(np)^{1/2}}{2\sqrt{\tau_n \tau_p}} \qquad (4.47)$$

而一般情形下為

$$R = \frac{2R_{max}}{\beta^{-\frac{1}{2}} + \beta^{\frac{1}{2}}} \qquad (4.48)$$

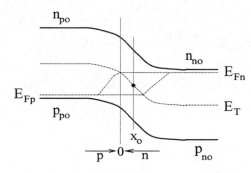

圖 4.11　pn 接面順向偏壓之帶圖，顯示陷阱能階的位置。

　　現考慮 pn 接面空乏區如圖 4.11 所示，從 n 型到 p 型時，電子濃度從 n 型之 n_{no} 降到 p 型區之 $n_{po}(<< p_{po})$，而從 p 型到 n 型，電洞濃度從 p_{po} 到 $p_{no}(<< n_{no})$，故在空乏區內某處 x_o 可滿足 $\beta = 1$ 之條件，此時若陷阱能階 E_T 位在近似佛米能階 E_{Fn} 及 E_{Fn}' 之間則復合速率 達到最大值 R_{max}。假設在 x_o 處之電子電洞濃度及電場強度各為 n_o、p_o、E_o (是正值)，則 $\beta = 1$ 表示 $p_o = \tau_n n_o / \tau_p$。在 x 接近 x_o 處

$$n = n_o \exp[qE_o(x - x_o)/kT] \qquad (4.49)$$

$$p = p_o \exp[-qE_o(x - x_o)/kT] \qquad (4.50)$$

此處假設 E_o 變化很小而可以視為常數，則

$$\beta^{1/2} = \sqrt{\frac{p\tau_n}{n\tau_p}} = \sqrt{\frac{p_o\tau_n}{n_o\tau_p}} \exp[-qE_o(x-x_o)/kT] = \exp[-qE_o(x-x_o)/kT] \quad (4.51)$$

而復合速率可改寫爲

$$R = \frac{R_{max}}{\cosh[qE_o(x-x_o)/kT]} \quad (4.52)$$

復合電流爲

$$J_{SCR} = q \int R dx \quad (4.53)$$

傳統之處理方法爲令 $R = R_{max}$，積分之上下限取空乏區兩邊界得

$$J_{SCR} = qR_{max}W = \frac{qW(np)^{1/2}}{2\sqrt{\tau_p\tau_n}} = \frac{qn_iW}{2\tau} \exp\left[\frac{qV}{2kT}\right] \quad (4.54)$$

$\tau = \sqrt{\tau_n\tau_p}$，W爲空乏區長度，即復合電流爲 2kT 電流，來自空乏區之全部。而事實上復合電流僅在 x_o 附近，亦即 $x-x_o \le \pm 2kT/(qE_o)$ 才很顯著。故

$$J_{SCR} = qR_{max} \int_{x_o-\Delta}^{x_o+\Delta} \frac{dx}{\cosh[qE_o(x-x_o)/kT]} = qR_{max}W_o \quad (4.55)$$

其中的積分上、下限可延展到 $\pm\infty$ 而不會影響積分值，故 W_o 可寫爲

$$W_o = \frac{kT}{qE_o} \int_{-\infty}^{\infty} \frac{dx'}{\cosh x'} = \frac{\pi kT}{qE_o} \quad (4.56)$$

若取E_o爲空乏區內的平均電場強度

$$E_o = \frac{V_{bi} - V}{W} \quad (4.57)$$

可得

$$W_o = \frac{\pi kT}{q(V_{bi} - V)} W \quad (4.53)$$

W_o 僅爲空乏區中的一小段區域。

【例】 $V_{bi} = 1.3$ V， $V = 0.8$ V， W_o 的長度為

$$W_o = \frac{\pi \times 0.026}{0.5} W = 0.16W \text{ 僅為空乏區長度的 16\% 。}$$

───

由 $np = n_i^2 \exp(qV/kT)$， $\sigma_n v_n = \sigma_p v_p = \overline{\sigma}\overline{V}$， $\sqrt{\tau_p \tau_n} = (\overline{\sigma}\overline{v}N_t)^{-1}$ 得復合電流

$$J_{SCR} = qR_{max}W_o = \frac{q}{2\sqrt{\tau_p \tau_n}}(np)^{1/2}W_o = \frac{q}{2}N_t\overline{\sigma}\overline{v}W_o n_i \exp\left(\frac{qV}{2kT}\right) \text{ (4.59)}$$

這證明了空乏區內的復合電流，源自很小的一段區域。

　　復合電流與注入電流之關係又是如何呢？1kT 注入電流 $J_o(TE) \propto \exp(-E_g/kT)$ 與帶溝 E_g 大小有關，而 2kT 復合電流 $J_o(SCR) \propto n_i \propto \exp(-E_g/2kT)$，故兩者之比值

$$r = \frac{J_o(SCR)}{J_o(TE)} \propto \exp(\frac{E_g}{2kT}) \tag{4.60}$$

故 E_g 愈大， r 愈大，復合電流對注入電流之比愈大，這解釋了為什麼在高帶溝的材料 2kT 復合電流占優勢。

4.3.3 表面復合電流

　　文獻上絕大多數實驗發現 2kT 電流並非來自接面空乏區內而是經由 p-n 接面之邊界流過，如圖 4.12(a)所示，此乃因為半導體表面有很多表面能階可提供大量復合機會。由於表面能階之存在，表面附近之帶圖變成如圖 4.12 (b)、(c) 及 (d) 所示，其中的圖 (b) 是代表在電荷中性的條件之下的帶圖；圖 (c) 是真正的兩度空間帶圖，在表面附近能帶發生變曲；圖 (d) 是電荷分佈圖。可以很明顯看出從n型區來的電流並不需要跨過全部位障，而可經過表面空乏區內的表面能階而通過。復合速率

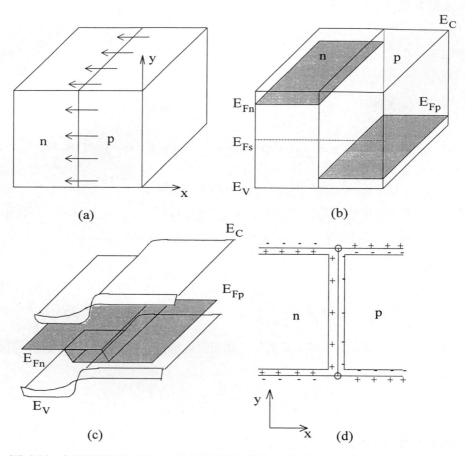

圖 4.12 表面電流的成因；(a)表面電流發生之位置，(b)電荷中性條件下帶
圖，(c)帶圖，(d)電荷分佈圖。

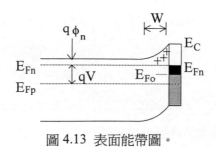

圖 4.13 表面能帶圖。

$$R = \frac{(np)^{1/2}}{\sqrt{\tau_n \tau_p}(\beta^{-1/2} + \beta^{1/2})} \qquad (4.61)$$

其中的 $\beta = \tau_n p_s / \tau_p n_s$ ，當 β 約為常數時，復合速率 $R \propto \exp(qV/2kT)$ 會導致 $2kT$ 電流。

考慮在 n 型區某一固定的 x 處沿 y 方向之帶圖，如圖 4.13 所示。假設此時帶圖的彎曲完全是由表面電荷所決定，且在所加偏壓 V=0 時，E_{Fn} 在 E_{Fo} 之上，E_{Fo} 為表面連續能階為中性時之佛米級。當加有偏壓 V 時

$$E_{Fn} - E_{Fp} = qV \qquad (4.62)$$

假設表面必須保持電中性，且空乏區寬度為

$$W = \sqrt{\frac{2 \in}{qN_D}(E_C - E_{Fn} - q\phi_n)} \qquad (4.63)$$

N_D 為半導體內摻雜濃度，則有

$$N_D W = N_S[E_{Fn} - E_{Fo} - eV(1 - f_t)] \qquad (4.64)$$

N_s 為表面能階密度，單位為 $(/cm^2 - eV)$，f_t 為表面能階被佔據之概率，其值對在 E_{Fn} 及 E_{Fp} 中間之能階為

$$f_t = \frac{n_s + r\bar{p}_s}{n_s + \bar{n}_s + r(p_s + \bar{p}_s)} \approx \frac{n_s}{n_s + rp_s} \qquad (4.65)$$

上式的近似是由於 $n_s \gg \bar{n}_s$ 及 $p_s \gg \bar{p}_s$ 之故。當所加電壓 V 很小時 (< 0.5V)，表面電洞數目 p_s 遠小於電子數目 n_s 時，$f_t \approx 1$ 導致 (4.64) 式右邊最後一項變得很小可以忽略，而 $q\phi_n$ 隨 V 之增加而稍許減小，W 稍微增加，故 $E_{Fn} - E_{Fo}$ 也稍微增加，E_{Fp} 則變動很大下移距離 E_{Fn} 為 eV 之處。但當 V 逐漸增大，E_{Fp} 下移到 $rp_s \approx n_s$ 時，f_t 急速減小，(4.64) 式右邊突然減小，此時要保持 (4.64) 式成立，則 E_{Fn} 必須增加。但是由 (4.63) 式可知 E_{Fn} 之變化對 W 之影響很緩慢，因此 (4.64) 式左邊變化很慢，右邊被迫也要變化慢的方法是讓 rp_s 與 n_s 之比值變化很緩慢，則 f_t 變化很慢，同時 E_{Fn} - E_{Fo} 做

對應改變。故此時 E_{Fn} 及 E_{Fp} 幾乎以相同速度分別向 E_C 及 E_V 靠近，而 $\beta \approx rp_s / n_s \approx$ 常數，所以 $R = S_o(pn)^{1/2}$ ，S_o 為表面復合速度，而表面電流每單位長度為

$$I_s \approx eS_o \int (pn)^{\frac{1}{2}} dz = eS_o L_{hs} n_i \exp\left(\frac{eV}{2kT}\right) \tag{4.66}$$

其中 L_{hs} 為電洞在表面的擴散長度，此式證明表面復合電流亦為 2kT 電流。

要如何來降低表面復合電流呢?主要有三種方法介紹如下：

(1) 降低表面能階數目或表面復合速度 S_o ，如圖 4.14 所示，利用高電阻、高帶溝的 $Al_xGa_{1-x}As$ 材料長在 GaAs 上，再利用鋅 (Zn) 局部擴散，形成 pn 接面。此時 GaAs pn 接面的邊界被晶格常數近似的 $Al_xGa_{1-x}As$ 所覆蓋，故表面電流下降。

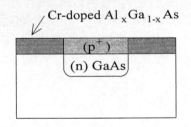

圖 4.14　降低表面能階的數目。

(2) 利用高帶溝材料插入原 pn 接面，如圖 4.15 所示，並設計其厚度使電子電洞濃度比為 τ_n / τ_p 之位置落在此高帶溝材料內。因此可以降低此處之 n_i ，可以降低表面復合電流。

```
┌─────────────────────────┐
│   (P) Al_x Ga_{1-x} As   │
├─────────────────────────┤
│   (N) Al_x Ga_{1-x} As   │
├─────────────────────────┤
│       (n) GaAs           │
│                          │
└─────────────────────────┘
```

中間層的厚度小於空乏區寬度

圖 4.15 降低 p=n τ_n / τ_p 處之 n_i。

(3) 設計邊緣減薄層，利用表面及 pn 接面空乏區將此薄層夾止，載體濃度降低，造成高電阻區而使電流無法到達表面，如圖 4.16 所示，此種結構已經廣泛的使用在異質接面雙極電晶體的射基極中。

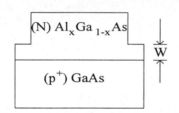

W 小於表面及接面空乏區寬度之和

圖 4.16 邊緣減薄可使電流無法通過表面。

4.4 異質接面 (Heterojunction)

凡是不同材料之接面均可稱做異質接面，故金屬半導體(蕭基二極體)也算是異質接面。要做一個有用的異質接面元件，通常不同材料必須有相近的晶格常數，否則會有介面能階產生。

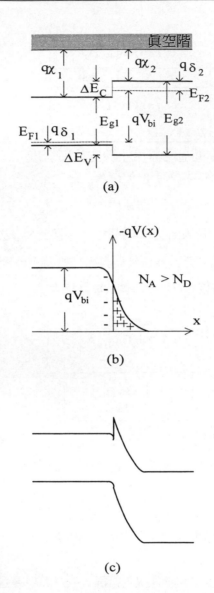

圖 4.17 異質接面的形成;(a) 電荷中性的狀況,(b) 靜電位能,(c) 能帶圖。

4.4.1 異質接面的帶圖(Band diagram)

假設在異質接面中沒有介面能階產生,處理帶圖的方式與同質接面相類似。分為以下三步驟:

(1) 空間電荷中性狀況:如圖 4.17 所示,兩種材料真空階拉平,由於兩者電子親和力(electron affinity)之不同,而導致導電帶不連續(conduction band discontinuity)

$$\Delta E_C = q\chi_1 - q\chi_2 \qquad\qquad (4.67)$$

及價帶電不連續

$$\Delta E_V = (E_{g2} + q\chi_2) - (E_{g1} + q\chi_1) = \Delta E_g - \Delta E_C \qquad (4.68)$$

E_{Fl} 及 E_{F2} 則是由各自之攙雜所決定。

(2) 靜電位能的產生:兩邊佛米能階之差決定了內建電位降 qV_{bi} 之大小,由 Poisson 方程式,可解出電位能在兩邊之變化情形,如圖 4.17(b) 所示。

(3) 帶圖:等於圖 4.17 (a) 及 (b) 相加的結果。在介面產生之位障尖峰,顯然將影響電流之傳導現象。理論上如果能求得 qV_{bi} 及雜質濃度,應可倒求 $q\chi_1$ 與 $q\chi_2$ 之差。

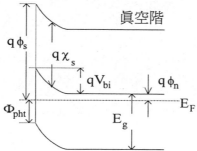

圖 4.18 半導體表面附近之能帶圖。

欲清楚了解異質接面之帶圖,最重要的就是找出它們的電子親和力,實驗上量電子親和力 χ 之方法係用 photoemission 及 Kelvin probe 之方法來完成。如圖 4.18,以 X 光打入半導體,把表面10～20Å之電子打出,則由打出電子的最大動能可量出一臨界值(photothreshold)Φ_{pht}，這是半導體表面價電帶頂端與佛米能階之距離。這個實驗要在高真空($10^{-11} \sim 10^{-10}$ Torr)下切割半導體及測量。由 $E_g - \Phi_{pht} = q\phi_{Bn}$ 可求得導電帶在表面彎曲程度。

欲測量半導體的工作函數可用 Kelvin Probe 之方法，如圖 4.19 所示，金屬電極在半導體附近不接觸半導體，但不斷來回振動，在外電路可量到一交流電流，直到外界所加偏壓 V 等於金屬與半導體工作函數之差 $q\Delta$。由已知金屬之工作函數 $q\phi_m$ 而可得知半導體的工作函數 $q\phi_s$，由 $q\chi_s = q\phi_s + \Phi_{pht} - E_g$ 而求得電子親和力。

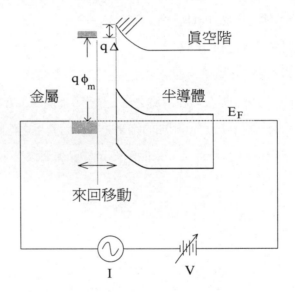

圖 4.19 Kelvin Probe 法。

在實際的異質接面中會出現接面漸變 (junction grading) 及介面能階的現象，若有接面漸變效應存在，如圖 4.20 所示，則在空間電荷中性狀況下，把漸變函數加入，其他建立帶圖的過程照舊。注意加入漸變函數並不影響 qV_{bi}。漸變函數之一例如下：

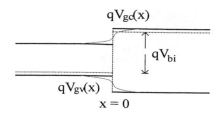

圖 4.20　異質接面的接面漸變函數。

$$q\Psi_{gc}(x) = \frac{\Delta E_C}{2}\left[1 + \tanh(\frac{x-L}{L})\right]$$

$$q\Psi_{gv}(x) = -\frac{\Delta E_V}{2}\left[1 + \tanh(\frac{x-L}{L})\right] \quad\quad (4.69)$$

當晶格常數不匹配時，要考慮介面能階對帶圖所造成的效應。例如矽-鍺接面，如圖 4.21 所示，矽與鍺之晶格常數各為5.431Å及5.646Å，相差幾達 4%，介面會形成很多界面能階。而兩者間的$\Delta E_c = 4.13 - 4.01 = 0.12$ eV，以及$\Delta E_v = (E_{g1} - E_{g2}) - \Delta E_c = 0.32$cV。圖 4.21(b) 顯示的是矽鍺 n-n 接面，其帶圖像蕭基二極體一樣，電子從兩邊傾倒入介面，電子傳導通過介面會很糟。圖 4.21(c) 顯示的是 p-n 接面帶圖，此時在價電帶產生一位障尖峰。

4.4.2　異質接面之特性與實例

以下考慮三種異質接面的特性及其用途：

(1) n-n 接面整流子(Rectifier)

如圖 4.22(a) 所示，任一同質 $n - n^+$ 高低接面(high-low junction) 都是歐姆接面，外界所加電壓會落在 n 型區上而非 $n - n^+$ 接面上。但異質接面之 n - n 接面常會形成類似蕭基二極體之整流子，如圖 4.22(b) 所示，故可取代蕭基障而成為高頻之整流元件。

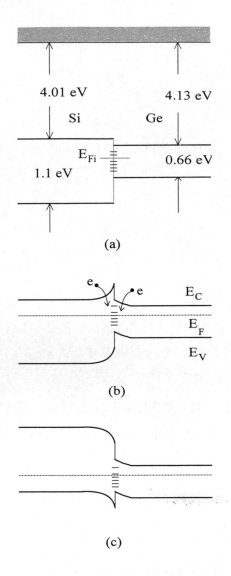

圖 4.21 Si 及 Ge 兩者間的接面帶圖，(a) 電荷中性條件下，(b) n-n 接面，(c) p-n 接面。

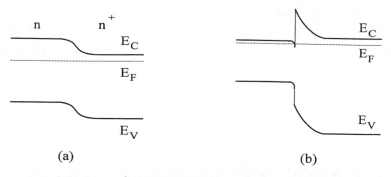

圖 4.22 n-n$^+$ 接面 (a)同質接面，(b) 異質接面。

(2) (p)GaSb-(n)InAs之間的 pn 異質接面

InAs及GaSb之晶格常數各為6.058Å及6.095Å，不匹配小於0.7%。圖 4.23(a) 是兩材料在互相接觸時，且保持電中性時的能帶相互關係圖。由於電子會從 p 型 GaSb 流向 n 型 InAs 以使得佛米級拉平，最後所造成的能帶圖如圖 4.23(b) 所示。此接面雖是 pn 接面但事實上是一個歐姆接點，電子及電洞流在接面沒有碰到任何位障。

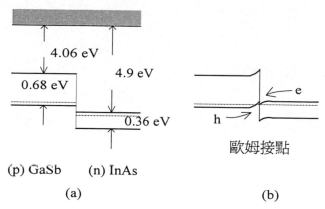

圖 4.23 GaSb 及 InAs 的接面帶圖，(a) 保持電中性條件下，(b) 能帶圖。

(3) Al$_x$Ga$_{1-x}$As – GaAs 異質接面

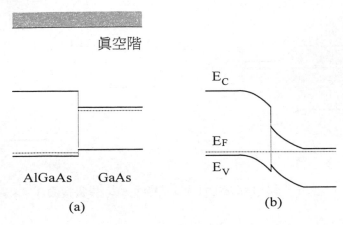

圖 4.24 AlGaAs-GaAs 接面帶圖，(a) 電中性條件下，(b) (P)AlGaAs-(n)GaAs 接面的能帶圖。

　　AlAs 及 GaAs 之晶格常數各為 5.662 及 5.653Å，不匹配僅為 0.18%，AlGaAs 及 GaAs 兩者的能帶關係如圖 4.24(a) 所示。由大量實驗據的分析獲知導電帶不連續 $\Delta E_C \approx 0.65\Delta Eg$ 是帶溝不連續 ΔE_g 之 65%。AlGaAs-GaAs 各種 pn，n-n 接面之帶圖可建造如下：

A. $(P)Al_xGa_{1-x}As - (n)GaAs$

　　其接面能帶如圖 4.24(b) 所示，在 pn 介面並未有任何位障尖峰存在。但價電帶有一小位能井出現。

B. $(N)Al_xGa_{1-x}As - (p)GaAs$ 由於兩邊摻雜大小不同，可分為兩種情形來看：

(a) $(N^+)Al_xGa_{1-x}As - (p)GaAs$

　　如圖 4.25(a) 所示，帶彎曲的部分大都落在 p 型 GaAs 區，介面有導電帶位能井存在，導致 x 方向之能階量化，叫做兩度空間電子氣 (two-dimensional electron gas)。

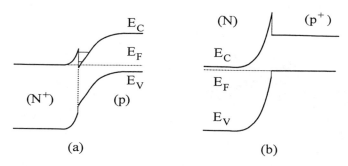

圖 4.25 (N)AlGaAs-(p)GaAs 接面帶圖，(a) N⁺ - p 接面，(b) N - p⁺ 接面。

(b) $(N)Al_xGa_{1-x}As-(p^+)GaAs$

如圖 4.25(b) 所示，在介面有一位障尖端存在，這位障尖端會阻礙電子之熱游子放射過程，將成為我們驗證電流傳導機構之最佳系統。

C. $(N)Al_xGa_{1-x}As-(n)GaAs$

如圖 4.26(a) 所示，接面兩邊主要載體均為電子，很像蕭基二極體，但由於接面漸變效應，看來像歐姆接點。當加上反向電壓(GaAs為負)時，位障下降，故反向電流呈指數增加。這個結構可用來做高電子移動率場效電晶體 (High Electron Mobility Transistor，簡稱 HEMT) 成為未來超高速計算機之基本元件，其構造如圖 4.26(b)。GaAs中攙雜很少小於 10^{15} / cm³。$Al_{0.2}Ga_{0.8}As$ 僅500Å攙雜至 10^{17} / cm²，而全部之AlGaAs層均成空乏區，電子傾倒入AlGaAs-GaAs介面之位能井。這些電子與施體在空間之位置被分開了，故到77K時，電子受游離雜質之散射速率很小，而受聲子之散射在低溫本來就很小，因而遷移率μ_n大增，可高到1,000,000 cm²/V-sec 以上，很容易達到飽合速度。這種結構因為是選擇攙雜之緣故有時又叫 modulation-doped FET (MODFET)。

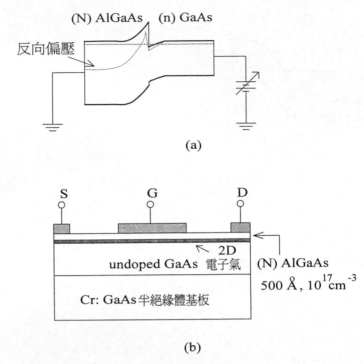

圖 4.26 (N)AlGaAs-(n)GaAs 接面 (a)能帶圖，(b)場效電晶體HEMT。

4.5 多重接面

當接面的數目增加，而且彼此間的距離很近，近至兩接面的空乏區彼此重疊，或小於電子或電洞的擴散長度時，則載子穿越此二界面時的行為即非單一界面所能描述的。本節的重點即探討此多重界面對載子行為及元件特性的影響。

4.5.1 同質多接面：PIN 二極體

Pin 二極體中間的 i 層通常是攙雜濃度很低之 $p^-(p\pi n)$ 或 $n^-(p\nu n)$ 型。以 $p\nu n$ 二極體而言如圖 4.27(a),(b),(c) 及(d) 所示，在接近 $p\nu$ 及 νn 介面，電

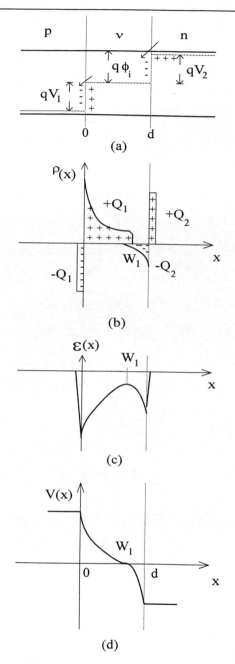

圖 4.27　Pin 二極體帶圖之建構，(a) 空間電荷中性狀況，(b) 電荷分佈，(c)
　　　　電場分佈，(d) 靜電位能。

洞(電子)之濃度遠大於 ν 中攙雜之濃度，故電位曲線爲指數曲線下降直到 載體濃度小於摻雜濃度，才呈二次曲線下降。建構帶圖時，先假設 pν 及 νn 介面各自獨立，各自形成一電荷分佈 (4.27(b))，產生靜電場 (4.27(c))，建立靜電位能 (4.27(d))，以抵抗原來佛米級之差。這最後得出之電位能是否爲一自我一致 (self-consistent) 的解，要檢查所得結果與當初假設 " pν 及 νn 介面各自獨立" 是否符合。

所謂一個接面在形成時與其他接面獨立，表示這一接面上所形成之位降或所含之電荷，與其他相鄰接面之存在於否沒有關係。圖 4.27(b) 中兩介面所形成的電荷分佈在 ν 型區中，有正有負且有重疊，並非獨立與當初假設不合。但仔細分析發現由於正負電荷抵消，並不會造成不便，電場 $|\mathcal{E}|$ 最低點 W_1 右面由於正負電荷抵消所損失之電場，剛好由左方正電荷抵消接面所增加之靜電場補充，故如圖 4.27 之建構法仍可視爲自我一致的解。如果左方 Pν 接面所形成的電場太強，導致到了右方 νn 介面 d 點之強度仍大於獨立的 νn 接面在介面之最大電場，這時必須調整 ν 中之佛米能階再重新畫出靜電位能。

4.5.2. 異質多接面：帶重新調整效應

當兩異質接面太過於接近，則會產生一些帶重新調整的效應（band readjustment effect）。如圖 4.28(a) 及 (b) 所示，以 Au -(n)$Al_xGa_{1-x}As$ - (n) GaAs 爲例來說明此效應：

首先在電荷中性條件下定義出 qV_{bi} 及 qV_{hi}，假設兩接面各自獨立得出位能圖。但是結果兩位能有重疊部分，並非獨立與假設不合，並非自我一致之解。由於這時金屬及 (n) GaAs 均向中間的 (N) AlGaAs 爭取電子，兩空乏區相接觸之原因就是中間 (N) AlGaAs 內的電子不夠多之緣故。因此兩接面

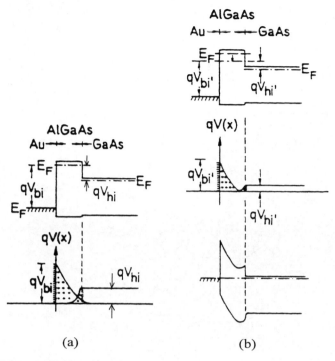

圖 4.28 帶重新調整效應 (a)假如兩接觸面各自獨立所得電位能圖，(b)重新調
　　　整 AlGaAs 的佛米能階位置後所得的能帶圖。 (錄自 "S. C. Lee and G.
　　　L. Pearson, IEEE Transactions on Electron Devices, Vol. ED-27, No.4,
　　　April 1980)

爭電子之後果是使中間層佛米階下降，兩接面之位障下降，空乏區寬度下
降，直到兩者僅接觸到邊爲止。如此才完成自我一致之解如圖 4.28(b) 所
示。

　　物理之過程可用另一種方法描述如下，先考慮 Au-(n)AlGaAs 蕭基接面
如圖 4.29(a) 所示，爲抵擋佛米級之不平衡，電子必須由AlGaAs邊傾倒入金
屬內，產生足夠之空間電荷+Q_1，以建立靜電位能，如圖 4.29(b) 所示，也就
是遠到W_1處之電子均須發生作用，雙方向電子流最後達成平衡($J_1 = J_2$)。

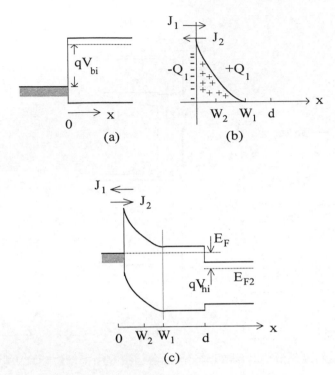

圖 4.29 帶重新調整效應的物理分析，(a) 左方界面維持電中性時，(b) 電子的移動以使佛米級拉平所造成的位能，(c) 右方界面位能的形成。

再考慮右方 (N)AlGaAs-(n)GaAs 異質接面之形成，如圖 4.29(c) 所示，它也需拉走從 d 到 $d-W_2$ 之電子，以累積足夠之電荷，建立靜電位能抵抗 qV_{hi}。但顯然此時 AlGaAs 太薄，而 d 到 $d-W_2$ 之電子已經不夠多了，再拿走小於 W_1 區域內之電子的後果是打破了原來在 Au-(N)Al$_x$Ga$_{1-x}$As 介面 $J_1 = J_2$ 的平衡，而使得 $J_2 < J_1$。故有一向右的淨電子流將原來傾倒在蕭基介面之電荷 Q_1 帶走來補充右方介面不足的電荷。由於 Q_1 減少，W_1 縮減，直到 W_1 與 W_2 剛好接觸兩者達成平衡。當左方 Au-(N)AlGaAs 空乏區完全克服右方 (N)AlGaAs-(n)GaAs 異質接面所產生的空乏區而進入 GaAs 時，右方價電帶之位障會消失。

4.5.3 量子井(Quantum well)

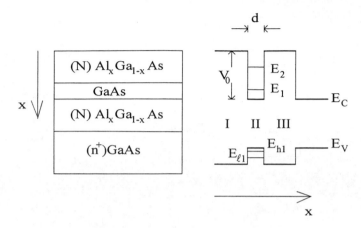

圖 4.30　量子井的結構

　　如圖 4.30 所示，為一量子井的結構圖。當量子井寬度 d 小於電子或電洞之物質波長 λ 時，量子井中能階開始量化。以 GaAs 為例，其有效質量為 $m^* = 0.067m_0$，m_0 為電子在眞空之質量，其物質波長為

$$\lambda = \frac{h}{p} = \frac{h}{\sqrt{2m^*kT}} \approx 300\overset{\circ}{A} \tag{4.70}$$

亦即當 d < 300 Å時，量子井中能階開始量化。欲求得量化的能階，則必須在在I, II, III區中，解薛丁格方程式

$$-\frac{\hbar^2}{2m^2}\frac{d^2\Psi(x)}{dx^2} + V(x)\Psi(x) = E\Psi(x) \tag{4.71}$$

令$\Psi(x)$及 $d\Psi/dx$ 在邊界匹配而得 E_0 及 E_1。其中電子波函數為球形對稱 (S-like)。電洞波函數像 p 軌道 (P-like)，並分裂成重電洞及輕電洞兩個不同能量之能階。根據選擇律，光學躍遷時 E_{h1} 及 E_{e1} 跳往 E_1 是允許的，但跳往 E_2為禁止。

在 y 及 z 方向電子仍能自由運動為 Bloch 電子，可用週期性邊界條件使其能階量化，故由平行介面的帶結構 $E_n = \hbar^2 k_{//}{}^2 / 2m^* = \hbar^2 (k_y{}^2 + k_z{}^2) / 2m^*$ 可以計算出能階密度 D(E) 為

$$D(E)dE = D(k_{//})dk_{//} = 2 \times \frac{2\pi k_{//} dk_{//}}{(2\pi)^2} = \frac{k_{//} dk_{//}}{\pi} = \frac{m^*}{\pi \hbar^2} dE \quad (4.67)$$

得 $D(E) = m^*/\pi\hbar^2$ 與能量無關。圖 4.31 所示是量子井的能帶圖及能階密度圖。此種量子井結構的應用極多，比如量子井雷射，熱電子電晶體，非線性光學，紅外線偵測器等等。

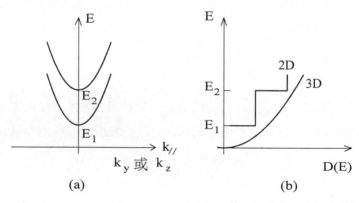

(a)　　　　　　　　　　　(b)

圖 4.31 量子井的 (a) 能帶圖及 (b) 能量密度圖，其中的曲線是一般 3D 的密度曲線，以供比較。

4.5.3 疊晶格 (Superlattice)

疊晶格有不同的類型，以下我們討論三種重要的結構：

(1) 成份交錯疊晶格 (compositional superlattice)

如圖 4.32(a) 所示，將 A, B 兩種晶格常數相近的材料如 GaAs, $Al_x Ga_{1-x}As$ 依一定週期排列起來就形成疊晶格。當初發明這個結構最原始的概念是要做負電阻元件，因為 GaAs 中任一電子若能從布里瓦區 (Brillouin) 中心加

速撞及布里瓦區邊界，則由於 Bragg 繞射的緣故，電子在空間之軌跡會逆轉而與所加電場方向相同，造成負電阻現象。

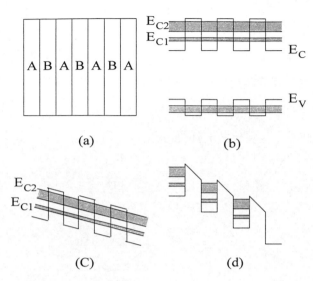

圖 4.32 (a) 兩材料相互重疊的疊晶格，(b) AlGaAs/GaAs 疊晶格的能帶圖。當外加電場時，(c) 電場均勻分佈或 (b) 電場降在 AlGaAs 上的導電帶帶圖。

　　但實際上要把電子從布里瓦區中心加速到布里瓦區邊界是不可能的，因為電子會受到各種型式 (聲子、電子、雜質) 之散射，因此在到達邊界之前早已被散射回原點。但若做成疊晶格則空間原子排列之週期拉長很多，在波向量空間形成小帶 (mini band)，此時電子很有可能碰到小布里瓦區邊界而發生繞射，而造成負電阻，這可用來做振盪器叫 Bloch 振盪器。

　　現探討疊晶格之帶結構，以 AlGaAs/GaAs 為例，其導電帶結構如圖 4.32(b) 所示，類似一度空間之 Kronig-Penney 問題。其數學解為形成小帶 (mini bands) 如斜線所示。故當加以偏壓後，若電壓均勻的落在所有材料上，則導電帶如圖 4.32(c) 所示。當電子能被加速到撞及 E_{c1} 頂端，則可能發生 Bloch 振盪，但若電壓僅加在 AlGaAs 上，如圖 4.32(d) 所示，則會發生帶到帶穿隧 (band to band tunneling) 現象也形成負電阻，後來發現造成負電阻之原因主要是由於這個原因而非 Bloch 振盪。

像AlGaAs/GaAs這種疊晶格，電子與電洞之量子井在空間為同一位置叫 Type I 疊晶格。不在同一位置的如 GaP/GaPAs 叫 Type II 疊晶格。疊晶格之用途極多，由於其帶結構可以調整與自然之材料不一樣，故又叫人工 (man-made) 材料，在光電方面可做雷射、紅外線偵測器等元件，在理論方面對量子力學之各種量子井現象做了有力的證實。

(2) nipi 疊晶格

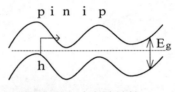

圖 4.33　nipi 疊晶格。

即使是同質接面，若攙雜變化很快造成nipini之結構，也有很重要之特性。其帶圖如圖 4.33 所示，此時其吸收光之臨界值 E_{ph}不再是帶溝 E_g，而可以遠小於E_g。而當此結構照光以後電子被掃入谷底 n 型區，電洞被掃入 p 型區，導致兩端之空間電荷減少，帶結構變和緩，E_{ph}改變。這是第一種元件結構可藉由外界偏壓可以大幅改變其吸光之臨界值，故用 GaAs 也可做成吸收 1.3 μm 之紅外線 (0.95eV)。

(3) 扭曲層疊晶格 (Strain-Layer Superlattice，簡稱 SLS)

將兩種晶格常數相差很大的材料如 GaAs/GaAs P 做成 疊晶格，只要每層材料不超過臨界厚度就可以長出沒有缺陷之材料。每層最大厚度即臨界厚度為晶格常數不匹配大小所決定，超過後則會產生大量缺陷。由於每層材料受到很大之拉力，使得帶結構產生形變，帶溝也產生改變，因此材料愈薄改變愈大。這種 SLS 結構有些有趣的特性，例如，即使兩種材料均爲間接帶溝材料如 $GaAs_{0.4}P_{0.6}/GaP$，由於布里瓦區折疊 (zone folding) 之緣故，只要材料爲偶數層，[100] 之導電帶最低點會折回 Γ 點形成直接帶溝。另外由於電子井及電洞井分別於 GaP 及 $GaAs_xP_{1-x}$ 中形成，故電子電洞在空間上分離，這是 type II 疊晶格。

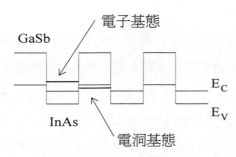

圖 4.34 InAs-GaSb 疊晶格。

另一值得探討的疊晶格是 InAs-GaSb 疊晶格。由於 InAs 之導電帶底端在 GaSb 價電帶頂端之下，如圖 4.34 所示，故改變 InAs 之厚度d疊晶格會從半導體 (d 小) 變成半金屬 (d 大)。由於電子電洞在空間之分佈分離，故爲 type II 疊晶格。若再加一AlSb 形成 ABCABC 之疊晶格，則由外加電壓可以調整疊晶格從半導體之特性轉變到半金屬的特性。

第五章 雙極電晶體

5.1 電晶體工作原理

5.1.1 電晶體結構

當一 pn 接面 J_1 加以順向偏壓之時，電洞由 p 型區注入 n 型區，電子則
反是。由於電洞(電子)在 p(n) 型區為多數載體，故其在接面附近之供應不
成問題，電流隨電壓呈指數增加。但在逆向偏壓時，電流反向，電洞由 n 型
區流入 p 型區，由於 n 型區內之少數載體電洞流很小而且固定，因此限制了
流過接面 J_1 之電流。但若在 J_1 附近另加一接面 J_2 來提供或限制電流，則可
改變流經 J_1 之電流，而達到調變 J_1 電流之作用。這種作用叫電晶體作用
(transistor action) ，而這種元件叫做電晶體。

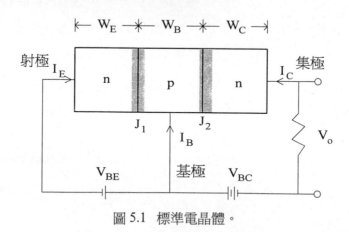

圖 5.1 標準電晶體。

1. 標準 (prototype) 電晶體

最簡單的電晶體為如圖 5.1 所示，為一從左到右橫截面大小固定，各型
半導體中摻雜濃度為常數，而且接面為陡削 (abrupt) 之 npn 結構，這種電晶

體叫標準型 (prototype)，為 Shockley 在 1949 年所提出。在這個結構中，兩接面 J_1 及 J_2 必須靠得"很近"，所謂很近表示中間這一層厚度 W_B 不能大於電子在 p 層中之擴散長度 L_n 太多。否則兩接面沒有任何交互作用，只是一對背對背 (back-to-back) 的 pn 二極體串聯而已。電晶體中間的一極叫基極 (base)，兩邊的一個叫射極 (emitter)，另一個叫集極 (collector)，其電流方向傳統是以流入電極的方向標示。 標準型電晶體平常除非是利用長晶技術，否則很難做出。

2. 用在積體電路 (IC) 中之電晶體

此種電晶體通常為平面型 (planar) 如圖 5.2 所示，底下的長條 n^+ 為埋藏層 (burried layer) 以降低集極之電阻。通常水平面之尺寸遠大於垂直方向之尺寸，因此至少在虛線附近之區域可以以一度空間的傳導來描述。但當 IC 愈做愈小，到 超大型積體電路 (Very Large Scaled Integrated-VLSI) 之領域則要用三度空間的傳導來描述。其中雜質濃度之分佈（沿圖 5.2 中的虛線）顯示在圖 5.3 中，在射極及基極內均不為常數，數學處理上也比較複雜。 IC 電晶體另一特性是射基極及基集極之面積不對稱，因此若將射集極調換，電流增益將會急速下降。

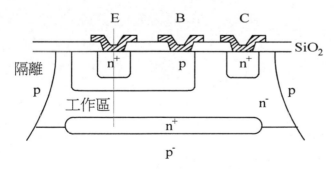

圖 5.2 平面型積體電路用電晶體。

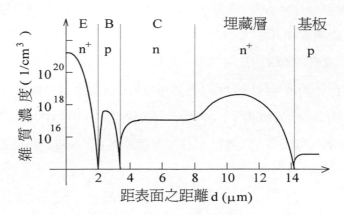

圖 5.3　電晶體內各層的濃度及距表面之距離。

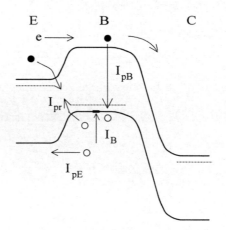

圖 5.4　工作時電晶體的能帶圖。

5.1.2 工作原理

電晶體之基本工作原理可以用它的帶圖來說明。如圖 5.4 所示 npn 電晶體，考慮射基極為順向偏壓，基集極為逆向偏壓。基極之金屬接點通常遠離電子（少數載體）之注入區，故大部分電子由射極注入基極後會擴散而傾倒入集極內，在擴散過程中有部分與電洞復合而損失，而電洞是由基極的金屬接點補充，故每損失一個電子，就有一個電洞流進基極形成基極電流 I_B。而沒有復合之大多數電子流入集極形成集極電流 I_C ($I_C \gg I_B$)。當然 I_B 除了與注入電子復合之電流 I_{pB} 外，還有注入 n 型射極之電洞流 I_{pE} 及在空乏區經陷阱而導致的 2kT 復合電流 I_{pr}。但只要適當設計電晶體之結構，I_{pE} 及 I_{pr} 均可降到很小而可忽略。此時 $I_C \gg I_B$，故小量之基極電流 I_B 能造成大量集極電流 I_C 之流量，因而有放大的作用。

5.2 同質接面雙極電晶體的理想 I-V 特性

5.2.1 標準(prototype)電晶體

考慮一 npn 同質接面雙極電晶體，其尺寸、空乏區長度、摻雜情形及帶圖如圖 5.5 (a), (b) 及 (c) 所示，基射極 (BE) 接面之偏壓為 V_{BE}，基集極 (BC) 接面之偏壓為 V_{BC}。要了解載體在電晶體內的運動，首先必須在各型區域內解連續方程式，並設定適當的邊界條件。以下的解法中，我們應用到第四章所提出的「電流平衡」做為邊界條件，這是與 Shockley 當初所用的邊界條件不一樣。不過由異質接面雙極電晶體所觀察到的電流電壓特性顯示，電流平衡才是正確的選擇。

在基極內之少數載體電子在近似中性 (quasi-neutral) 區域內之分佈可由解下式而得

$$\frac{\partial \Delta n}{\partial t} = 0 = -\frac{\Delta n}{\tau_B} + D_B \frac{\partial^2 \Delta n}{\partial x^2} \quad （漂移項忽略） \qquad (5.1)$$

由於連續方程式為線性，多出電子可分為兩部分 $\Delta n(x) = \Delta n_E(x) + \Delta n_C(x)$，其中 $\Delta n_E(x)$ 是由於射基極偏壓 V_{BE} 所入射的電子，而 $\Delta n_C(x)$ 則是由基集極偏壓 V_{BC} 所造成。首先解 $\Delta n_E(x)$，邊界條件在 x=0 處(圖 5.5(b))為

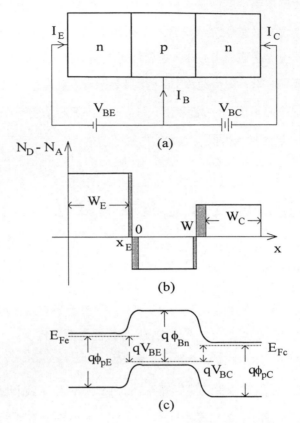

圖 5.5　電晶體的 (a) 電路圖，(b) 摻雜濃度及 (c) 能帶圖。

$$-qD_B \frac{\partial \Delta n_E}{\partial x}\Big|_{x=0} = J_{nEo}\left[\exp\left(\frac{qV_{BE}}{kT}\right)-1\right] - \Delta n_E(0)q\frac{v_n}{4} \qquad (5.2)$$

式中的

$$J_{nEo} = A_n^* T^2 \exp\left(-\frac{q\phi_{Bn}}{kT}\right) = n_{po}q\frac{v_n}{4} \qquad (5.3)$$

n_{po} 為基極內在平衡時之電子密度，$v_n = \sqrt{8kT/\pi m^*}$ 為電子平均熱速度。注意最初注入之電子流只有正向 (+x) 走之分量，需要經過幾次散射後，才能使電子分佈隨機化並呈現波茲曼分佈，而可應用到如 (5.2) 式等號左邊的擴散方程式，來描述電子在基極內之傳導方式。

在 x = W ，擴散電子流被掃入集極，故邊界條件為

$$-qD_B \frac{\partial \Delta n_E(x)}{\partial x}\Big|_{x=W} = \Delta n_E(W)q\frac{v_n}{4} \tag{5.4}$$

一般文獻及書籍均假設 $\Delta n_E(W) = 0$ ，也就是電子熱速度為無窮大，這當然是不可能的。令 $\Delta n_E(W) \neq 0$ 之後果是，部份電子會從 x = W 處反射回來產生來回反射的現象。

現在來解連續方程式，並代入邊界條件。由於 (5.1) 式的一般解為

$$\Delta n_E(x) = A_1 \cosh\left(\frac{x}{L_B}\right) + A_2 \sinh\left(\frac{x}{L_B}\right) \tag{5.5}$$

其中 $L_B = \sqrt{D_B \tau_B}$ 為電子在基極之擴散長度。在 x=0 之電子流

$$J_{nEo}\left[\exp\left(\frac{qV_{BE}}{kT}\right) - 1\right] - A_1 q\frac{v_n}{4} = -\frac{qD_B}{L_B}A_2 \tag{5.6}$$

在 x = W 之電子流

$$-\frac{qD_B}{L_B}\left[A_1 \sinh\left(\frac{W}{L_B}\right) + A_2 \cosh\left(\frac{W}{L_B}\right)\right] = \left[A_1 \cosh\left(\frac{W}{L_B}\right) + A_2 \sinh\left(\frac{W}{L_B}\right)\right]q\frac{v_n}{4}$$

$$\tag{5.7}$$

解 (5.7) 式得

$$A_1 = -A_2 \frac{\sinh(\frac{W}{L_B}) + \frac{4D_B}{L_B v_n}\cosh(\frac{W}{L_B})}{\cosh(\frac{W}{L_B}) + \frac{4D_B}{L_B v_n}\sinh(\frac{W}{L_B})} \tag{5.8}$$

故得由射極注入基極之電子流為

$$J_n = -\frac{qD_B A_2}{L_B} = \frac{J_{nEo}}{R_n}\left[\exp\left(\frac{qV_{BE}}{kT}\right) - 1\right] \tag{5.9}$$

其大小是熱游子放射電流除以 R_n，其中 R_n 可寫為

$$R_n = 1 + \frac{\cosh(W/L_B) + \frac{L_B v_n}{4D_B}\sinh(W/L_B)}{\cosh(W/L_B) + \frac{4D_B}{L_B v_n}\sinh(W/L_B)} \tag{5.10}$$

若 R_n 趨近 1，熱游子放射電流為瓶頸反應。若 R_n 遠大於 1 表示基極擴散電流是瓶頸反應。

同理，流入射極之電洞流

$$J_p = \frac{J_{pEo}}{R_{pe}}\left[\exp\left(\frac{qV_{BE}}{kT}\right) - 1\right] \tag{5.11}$$

其中的

$$J_{pEo} = A_n{}^* T^2 \exp(-q\phi_{pE}/kT)$$

$$R_{pe} = 1 + \frac{\cosh(W_E/L_E) + \frac{L_E v_p}{4D_E}\sinh(W_E/L_E)}{\cosh(W_E/L_E) + \frac{4D_E}{L_E v_p}\sinh(W_E/L_E)} \tag{5.12}$$

W_E, L_E 各為射極內之近似中性 (quasi-neutral) 區寬度及電洞擴散長度，D_E, L_E, v_p 各為電洞在射極之擴散常數、擴散長度、平均熱速度。故由 V_{BE} 所導致之射極電流 I_E 為

$$I_E = -A_E\left(\frac{J_{nEo}}{R_n} + \frac{J_{pEo}}{R_{pe}}\right)\left[\exp\left(\frac{qV_{BE}}{kT}\right) - 1\right] \tag{5.13}$$

式中的 A_E 為射極面積。

由 V_{BE} 所導致之集極電流 I_C 為 (在 x = W 處)

$$I_C = -A_E\frac{qD_B}{L_B}A_2\left[\cosh\left(\frac{W}{L_B}\right) - \sinh\left(\frac{W}{L_B}\right)\frac{\sinh(W/L_B) + \frac{4D_B}{L_B v_n}\cosh(W/L_B)}{\cosh(W/L_B) + \frac{4D_B}{L_B v_n}\sinh(W/L_B)}\right]$$

$$= A_E\alpha\frac{J_{nEo}}{R_n}\left[\exp\left(\frac{qV_{BE}}{kT}\right) - 1\right] \tag{5.14}$$

其中的

$$\alpha = \frac{1}{\cosh(W/L_B) + \frac{4D_B}{L_B v_n}\sinh(W/L_B)} = \frac{\alpha_0}{1 + \frac{4D_B}{L_B v_n}\tanh(W/L_B)} \tag{5.15}$$

而 $\alpha_0 = 1/\cosh(W/L_B)$ 為傳統 Shockley 理論中的傳導因子 (transport factor)。

若考慮 $\Delta n_C(x)$ 我們可以導出類似之公式，故最後之 I_E 與 I_C 可寫為

Ebers-Moll 方程式

$$I_E = -A_E\left(\frac{J_{nEo}}{R_n} + \frac{J_{pEo}}{R_{pe}}\right)\left[\exp\left(\frac{qV_{BE}}{kT}\right) - 1\right] + \alpha A_E \frac{J_{nCo}}{R_n}\left[\exp\left(\frac{qV_{BC}}{kT}\right) - 1\right]$$

$$I_C = \alpha A_E\left(\frac{J_{nEo}}{R_n}\right)\left[\exp\left(\frac{qV_{BE}}{kT}\right) - 1\right] + A_C\left(\frac{J_{nCo}}{R_n} + \frac{J_{pCo}}{R_{pc}}\right)\left[\exp\left(\frac{qV_{BC}}{kT}\right) - 1\right] \qquad (5.16)$$

其中的

$$J_{pCo} = A_n^* T^2 \exp(-q\phi_{pC}/kT)$$

$$R_{pc} = 1 + \frac{\cosh(W_C/L_C) + \frac{L_C v_p}{4D_c}\sinh(W_C/L_C)}{\cosh(W_C/L_C) + \frac{4D_c}{L_C v_p}\sinh(W_C/L_C)} \qquad (5.17)$$

〔討論一〕在 $x = W$ 處假設 $\Delta n_E(W) \neq 0$ 所造成之後果是傳導因子 α 比假設 $\Delta n_E(W) = 0$ 時之 α_0 為低，表示電子有額外損失，這個額外損失之物理成因係由於 $\Delta n_E(W) \neq 0$ 導致電子來回反射，故電子在基極之數量增加所造成的額外損失。為深入了解這個現象，可以把 $\Delta n_E(x)$ 分解成兩部份，一部份為入射電子第一次通過基極之分佈 $\Delta n_f(x)$，另一部份為考慮來回反射在基極所增加之電子密度 $\Delta n_r(x)$。它們的值各為

$$\Delta n_f(0) = \Delta n_E(W)\frac{L_B v_n}{4D_B}\sinh\left(\frac{W}{L_B}\right), \quad \Delta n_f(W) = 0$$

$$\Delta n_r(0) = \Delta n_E(W)\cosh\left(\frac{W}{L_B}\right), \qquad \Delta n_r(W) = \Delta n_E(W)$$

此二值是由下面式子所得

$$\Delta n_E(x) = A_1 \cosh\left(\frac{x}{L_B}\right) + A_2 \sinh\left(\frac{x}{L_B}\right)$$

$$= A_1\left[\cosh\left(\frac{x}{L_B}\right) - \sinh\left(\frac{x}{L_B}\right)\frac{\cosh(\frac{W}{L_B}) + \frac{4D_B}{L_B v_n}\sinh(\frac{W}{L_B})}{\sinh(\frac{W}{L_B}) + \frac{4D_B}{L_B v_n}\cosh(\frac{W}{L_B})}\right] \qquad (5.18)$$

其中的

$$A_1 = \Delta n_E(W)\frac{L_B v_n}{4D_B}\left(\sinh\left(\frac{W}{L_B}\right) + \frac{4D_B}{L_B V_n}\cosh\left(\frac{W}{L_B}\right)\right) \tag{5.19}$$

代入則得

$$\Delta n_E(x) = \Delta n_E(W)\frac{L_B v_n}{4D_B}\left[\cosh\left(\frac{X}{L_B}\right)(\sinh\frac{W}{L_B} + \frac{4D_B}{L_B v_n}\cosh\frac{W}{L_B})\right.$$

$$\left. -\sinh\left(\frac{x}{L_B}\right)\left(\cosh\frac{W}{L_B} + \frac{4D_B}{L_B v_n}\sinh\frac{W}{L_B}\right)\right] \tag{5.20}$$

因此，

$$\Delta n_f(x) = \Delta n_E(W)\frac{L_B v_n}{4D_B}\left[\cosh\left(\frac{x}{L_B}\right)\sinh\left(\frac{W}{L_B}\right) - \sinh\left(\frac{x}{L_B}\right)\cosh\left(\frac{W}{L_B}\right)\right] \tag{5.21}$$

$$\Delta n_r(x) = \Delta n_E(W)\left[\cosh\left(\frac{W}{L_B}\right)\cosh\left(\frac{x}{L_B}\right) - \sinh\left(\frac{W}{L_B}\right)\sinh\left(\frac{x}{L_B}\right)\right] \tag{5.22}$$

由此兩部份多出電子所造成之基極電流 J_{B1} 及 J_{B2} 爲各

$$J_{B_1} = \frac{Q_f}{\tau_B} = \frac{q\int_0^W \Delta n_f(x)dx}{\tau_B}$$

$$= \Delta n_E(W)q\frac{v_n}{4}\left[\sinh\left(\frac{x}{L_B}\right)\sinh\left(\frac{W}{L_B}\right) - \cosh\left(\frac{X}{L_B}\right)\cosh\left(\frac{W}{L_B}\right)\right]\Big|_0^W$$

$$= \Delta n_E(W)q\frac{v_n}{4}\left[\cosh\left(\frac{W}{L_B}\right) - 1\right] \tag{5.23}$$

$$J_{B_2} = \frac{Q_r}{\tau_B} = \frac{q\int_0^W \Delta n_r(x)dx}{\tau_B} = \frac{4D_B}{v_n L_B}\Delta n_E(W)\sinh\left(\frac{W}{L_B}\right)q\frac{v_n}{4} \tag{5.24}$$

集極電流爲

$$J_C = \Delta n_E(W) q \frac{v_n}{4} \tag{5.25}$$

傳統射極電流為 $J_C + J_{B_1}$ 則傳統之傳導因子為

$$\frac{J_C}{J_{B_1} + J_C} = \frac{1}{\cosh\left(\frac{W}{L_B}\right)} = \alpha_0 \tag{5.26}$$

額外損失為

$$\frac{J_{B_2}}{J_{B_1} + J_C} = \frac{4D_B}{L_B v_n} \tanh\left(\frac{W}{L_B}\right) \tag{5.27}$$

傳導因子為

$$\alpha = \frac{J_C}{J_{B_1} + J_{B_2} + J_C} = \frac{\dfrac{J_C}{J_{B_1} + J_C}}{\dfrac{J_{B_2}}{J_{B_1} + J_C} + 1} = \frac{\alpha_0}{1 + \frac{4D_B}{L_B v_n}\tanh(\frac{W}{L_B})} \tag{5.28}$$

證實前面所說電子來回反射所增加之電子密度 $\Delta n_r(x)$ 是造成 α 比 α_o 小之原因。

由 (5.16) 式可知射極電流有三項，一項為電子由射極注入基極的電流

$$I_{nE} = -A_E \frac{J_{nEo}}{R_n}\left(\exp\left(\frac{qV_{BE}}{kT}\right) - 1\right) \tag{5.29}$$

一項為電洞由基極注入射極的電洞流

$$I_{pE} = -A_E \frac{J_{nEo}}{R_{pe}}\left(\exp\left(\frac{qV_{BE}}{kT}\right) - 1\right) \tag{5.30}$$

另一項為基集極電壓 V_{BC} 所引起之電子流。當 $V_{BC} > 0$ ，則電子由集極注入基極並擴散到 EB 接面而被掃入射極造成。當 $V_{BC} < 0$ ，則基極電子擴散到 BC 接面空乏區邊界被掃入集極。此時接近 EB 接面之基極邊電子濃度減少，破壞 EB 接面之平衡導致射極電子流會增加少許注入基極以補充需要。

因此，若只考慮 EB 極電壓 V_{BE} ，而令 $V_{BC} = 0$ 把 BC 極之影響去掉，則可定義一射極注入效率 (injection efficiency) γ_E 為

$$\gamma_E = \frac{I_{nE}}{I_{nE} + I_{pE}} = \frac{\dfrac{J_{nEo}}{R_n}}{\dfrac{J_{nEo}}{R_n} + \dfrac{J_{pEo}}{R_{pc}}} = \frac{1}{1 + \dfrac{J_{pEo}}{J_{nEo}}\dfrac{R_n}{R_{pe}}} = \frac{1}{1 + \dfrac{p_{nE}}{n_{pB}}\dfrac{R_n}{R_{pe}}\dfrac{v_p}{v_n}} \quad (5.31)$$

其中的 p_{nE} 為射極（ n 型）中之電洞平衡濃度， n_{pB} 為基極（ p 型）中之電子平衡濃度。若 α_E 為順向傳導因子

$$\alpha_E = \frac{I_{nE}(x = w)}{I_{nE}(x = 0)} = \alpha = \frac{\alpha_0}{1 + \frac{4D_B}{L_B v_n}\tanh(\frac{W}{L_B})} \quad (5.32)$$

兩者之乘積為

$$\alpha_F = \alpha_E \gamma_E = \alpha \frac{J_{nEo} / R_n}{J_{nEo} / R_n + J_{pEo} / R_{pe}} \quad (5.33)$$

同理可考慮集極電流 J_C ，也可定義集極之注入效率 γ_C 為

$$\gamma_C = \frac{I_{nC}}{I_{nC} + I_{pC}} = \frac{1}{1 + \dfrac{p_{nC}}{n_{pB}}\dfrac{R_n}{R_{pc}}\dfrac{v_p}{v_n}} \quad (5.34)$$

及反向傳導因子 α_C

$$\alpha_C = \frac{I_{nc}(x = 0)}{I_{nc}(x = W)} = \frac{\alpha_E A_E}{A_C} \quad (5.35)$$

當 EB 與 BC 極面積不一樣時 $\alpha_C \neq \alpha_E$ ，我們可定義

$$\alpha_R = \alpha_C \gamma_C = \frac{\alpha A_E}{A_C} \frac{J_{nco} / R_n}{J_{nco} / R_n + J_{pco} / R_{pc}} \quad (5.36)$$

另外再定義飽合電流 I_{ES} 及 I_{CS} 如下

$$I_{ES} = A_E \left(\frac{J_{nEo}}{R_n} + \frac{J_{pEo}}{R_{pe}} \right) \quad (5.37)$$

$$I_{CS} = A_C \left(\frac{J_{nCo}}{R_n} + \frac{J_{pCo}}{R_{pc}} \right) \tag{5.38}$$

則 I_E 與 I_C 之方程式可改寫如下

$$I_E = -I_{ES} \left(\exp\left(\frac{qV_{BE}}{kT} \right) - 1 \right) + \alpha_R I_{CS} \left(\exp\left(\frac{qV_{BC}}{kT} \right) - 1 \right)$$

$$I_C = \alpha_F I_{ES} \left(\exp\left(\frac{qV_{BE}}{kT} \right) - 1 \right) - I_{CS} \left(\exp\left(\frac{qV_{BC}}{kT} \right) - 1 \right) \tag{5.39}$$

此即爲有名的 Ebers-Moll 模型（於1954 年提出），其等效電路如圖 5.6 所示。

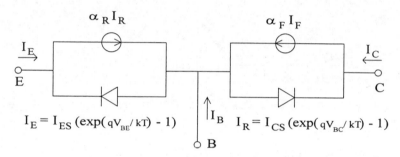

圖 5.6 Ebers-Moll 模型。

〔討論二〕由 Ebers-Moll 方程式及 (5.33)到(5.38) 式知

$$\alpha_R I_{CS} = A_E \alpha \frac{J_{nEo}}{R_n} = \alpha_F I_{ES} \tag{5.40}$$

這叫做相互關係 (reciprocity relation)，我們以後會發現即使 EB 及 BC 接面面積不同或有其他漏電流存在，這公式恒成立。

將 Ebers-Moll 方程式整理得

$$I_C = \alpha_F\left[-I_E + \alpha_R I_{CS}\left(\exp\left(\frac{qV_{BC}}{kT}\right)-1\right)\right] - I_{CS}\left(\exp\left(\frac{qV_{BC}}{kT}\right)-1\right)$$ (5.41)

$$= -\alpha_F I_E - (1-\alpha_F\alpha_R)I_{CS}\left(\exp\left(\frac{qV_{BC}}{kT}\right)-1\right)$$

因此若將 npn 電晶體以共基極 (common base) 方式操作，則電流增益為 $\alpha_F(<1)$，故 α_F 叫做順向共基極電流增益(forward common-base current gain)。同理

$$I_E = -\alpha_R I_C - (1-\alpha_F\alpha_R)I_{ES}\left(\exp\left(\frac{qV_{BC}}{kT}\right)-1\right)$$ (5.42)

α_R 叫做逆向共基極電流增益(inverse common-base current gain)。將 $I_E = -I_C - I_B$ 代入得

$$I_C = \frac{\alpha_F}{1-\alpha_F}I_B - \left(\frac{1-\alpha_F\alpha_R}{1-\alpha_F}\right)I_{CS}\left(\exp\left(\frac{qV_{BC}}{kT}\right)-1\right)$$ (5.43)

定義 $\beta_F = \alpha_F / 1 - \alpha_F$ 為共射極電流增益 (common-emitter current gain)。

當基極中性區寬度 W 遠小於電子擴散長度 L_B，且 $W_E \ll L_E$ 時，若取一般材料參數 $v_n/4 \approx 10^7$ cm/sec，$D_B \approx 100$ cm^2/sec，$L_B \approx 10^{-3}$ cm，則 $4D_B/(L_B v_n) \approx 10^{-2}$，

$$R_n \cong 1 + \frac{1+\frac{Wv_n}{4D_B}}{1+10^{-2}(\frac{W}{L_B})} \approx 2 + \frac{Wv_n}{4D_B}\left(\approx \frac{Wv_n}{4D_B}\right)$$

$$R_{pe} \cong 2 + \frac{W_E v_p}{4D_E}(\approx \frac{W_E v_p}{4D_E})$$

$$\gamma_E \approx \frac{1}{1+p_{nE}WD_E / n_{pB}W_E D_B} \cong \frac{1}{1+\frac{p_{nE}}{n_{pB}}(\frac{R_n}{R_{pe}})(\frac{v_p}{v_n})}$$

$$\alpha_E \cong \alpha_0 = 1 - \frac{W^2}{2L_B^2}$$ (5.44)

由於 $\alpha_F = \gamma_E \alpha_E, \beta_F = \dfrac{\alpha_F}{1-\alpha_F}$ 故要得很高之共射極電流增益，α_F 必須趨近

1，也就是射極注入效率 γ_E 必須接近 1。

就矽半導體而言 $D_B \cong 2D_E, W_E \approx W$，故要提高 γ_E 則

$$n_{pB} = \frac{n_i^2}{N_B} >> p_{nE} = \frac{n_i^2}{N_E}$$

也就是是射極之摻雜 N_E 必須遠大於基極之摻雜 N_B ($N_E >> N_B$)，或是電子所看到之位障遠小於電洞所看到之位障。

若爲 pnp 電晶體，則 Ebers-Moll 方程式可寫爲

$$I_C = -\alpha_F I_{ES}\left(\exp\left(\frac{qV_{BE}}{kT}\right)-1\right)+I_{CS}\left(\exp\left(\frac{qV_{CB}}{kT}\right)-1\right)$$

$$I_E = I_{ES}\left(\exp\left(\frac{qV_{EB}}{kT}\right)-1\right)-\alpha_R I_{CS}\left(\exp\left(\frac{qV_{CB}}{kT}\right)-1\right)$$

$$(5.45)$$

5.2.2　IC 電晶體（雜質分佈不均）

如圖 5.7 所示的電晶體中，考慮基極中電流之方向，大部份基極電流都是 y 方向之流向，而 x 方向之電洞流受到射集極介面位障之阻擋，其值很小，也就是沿 x 方向電洞流 J_p 與電洞密度 p 之關係爲

$$J_p \approx 0 = qp\mu_p \mathcal{E}_x - qD_p \frac{dp}{dx} \qquad (5.46)$$

如此可得

$$\mathcal{E}_x = \frac{D_p}{\mu_p}\frac{1}{p}\frac{dp}{dx} = \frac{kT}{q}\frac{1}{p}\frac{dp}{dx} \qquad (5.47)$$

基極內由於雜質分佈不均，產生一內在電場 $\mathcal{E}_0$ 。由於近似中性 (quasi-neutrality) 之情況成立（見第四章之討論），電洞濃度 $p_0(x) \approx N_A(x) - N_D(x) \equiv N(x)$，故在平衡時

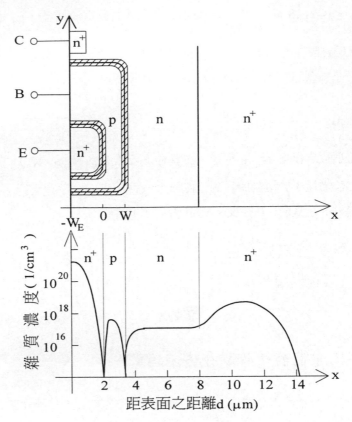

圖 5.7 雜質分佈不均的電晶體。

$$J_{p0} = qp_0\mu_p\mathcal{E}_0 - qD_p\frac{dp_0}{dx} = 0 \tag{5.48}$$

故可得

$$\mathcal{E}_0 = \frac{kT}{q}\frac{1}{p_0}\frac{dp_0}{dx} = \frac{kT}{q}\frac{1}{N}\frac{dN}{dx} \tag{5.49}$$

假設在低注入情況下，多出電子濃度 $\Delta n \ll p_0(x)$ 及總電場 $\mathcal{E}_x = \mathcal{E}_0 + \mathcal{E}_{ap}$，

而且 $\mathcal{E}_{ap} \ll \mathcal{E}_0$ 則

$$\frac{d\Delta n}{dx} \cong \frac{d\Delta p}{dx} \approx \frac{\Delta n}{W} \ll \frac{\Delta p_0}{W} = \frac{p_0(x=0) - p_0(x=W)}{W} \approx \frac{dp_0}{dx}$$

也就是

$$\frac{dp}{dx} = \frac{d(p_0 + \Delta p)}{dx} \approx \frac{dp_0}{dx} \tag{5.50}$$

故

$$J_p = qp\mu_p \mathcal{E}_x - qD_p \frac{dp}{dx} = q\Delta p\mu_p \mathcal{E}_0 + qp_0\mu_p \mathcal{E}_{ap} - qD_p \frac{d\Delta p}{dx} \tag{5.51}$$

上式右邊三項的任一項與左邊如 $qp_0\mu_p\mathcal{E}_0$ 或 $qD_p dp_0 / dx$ 任一項相比均可忽略。因此 J_p 仍趨近為零，可得電場 $\mathcal{E}_x$，

$$\mathcal{E}_x = \frac{kT}{q}\frac{1}{p}\frac{dp}{dx} \tag{5.52}$$

這個電場 $\mathcal{E}_x$ 對少數載體電子流而言

$$J_n = q\mu_n n\mathcal{E}_x + qD_n \frac{dn}{dx}$$

$$= kT\mu_n \frac{n}{p}\frac{dp}{dx} + qD_n \frac{dn}{dx}$$

$$= \frac{qD_n}{p}\left(n\frac{dp}{dx} + p\frac{dn}{dx}\right) = \frac{qD_n}{p}\frac{d(pn)}{dx} \tag{5.53}$$

兩邊積分 $\int_0^w$，假設電子在基極的擴散長度 L_{nB} 遠大於基底寬度 W，則電子流 J_n 在基極之復合極少而可視為常數，此時

$$\frac{J_n}{q}\int_0^w \frac{p}{D_n}dx = \int_0^w \frac{d(pn)}{dx}dx = p(W)n(W) - p(0)n(0) \tag{5.54}$$

定義電子在基極的一平均擴散常數為 $\tilde{D}_n$，即

$$\tilde{D}_n = \frac{\int_0^w p\,dx}{\int_0^w \frac{p}{D_n}dx} \tag{5.55}$$

以及基極儲存的總電荷 Q_B 為

$$Q_B = qA_E \int_0^w p\,dx \tag{5.56}$$

式中的 A_E 為 EB 接面之橫截面，則 (5.54) 式可改寫為

$$\frac{J_n Q_B}{q^2 \tilde{D}_n A_E} = p(W)n(W) - p(0)n(0) \tag{5.57}$$

對於邊界條件，我們假設佛米能階在空乏區內是平的（逆向偏壓時不對，但相差不大），則可得

$$p(W)n(W) = n_i^2 \exp\left(\frac{qV_{BC}}{kT}\right)$$
$$p(0)n(0) = n_i^2 \exp\left(\frac{qV_{BE}}{kT}\right) \tag{5.58}$$

因此注入集極之電子流 I_{nE} 為

$$I_{nE} = A_E J_n = I_S\left[\exp\left(\frac{qV_{BC}}{kT}\right) - \exp\left(\frac{qV_{BE}}{kT}\right)\right] \tag{5.59}$$

其中

$$I_S = \frac{q^2 A_E^2 \tilde{D}_n n_i^2}{Q_B} \tag{5.60}$$

由 (5.59) 及 (5.60) 兩式可知，集射 (CE) 極之連接電流 I_{nE} 大小是由基極 近似中性區內雜質總數 Q_B 而定，這現象首先由 Gummel 於 1961 年所描述，所以將

$$\int_0^w p \, dx \cong \int_0^w N_A dx = \frac{qA_E \tilde{D}_n n_i^2}{I_S} \tag{5.61}$$

叫做 Gummel number (/cm^2)，可由測量 I_S 而得出。

　　若要提高電晶體之增益，比如在 V_{BE} 為一定時，提高電子流 I_{nE}，則基本摻雜總電荷 Q_B 愈少愈好，但 Q_B 太少，電晶體很容易進入高注入狀況，又造成 Q_B 增加，與電壓之關係也改變，在小信號操作時不見得好。故要降低 Q_B，又把 高注入效應減少之法是把接近 EB 接面摻雜加重，而在接近

BC 接面摻雜減少（因 $\Delta n \propto 1 - \dfrac{x}{W}$），這正好是基極雜質擴散或離子佈植所形成之分佈。

電洞流注入射極之電流 I_{pE} 也可用上面同樣的方法來處理。假設 射極之中性區寬度 W_E 遠小於電洞在射極之擴散長度（$W_E \ll L_{pE}$），則 I_{pE} 在射極約為一常數（沒有復合發生），如此可得

$$I_{pE} = -\frac{A_E{}^2 q^2 \tilde{D}_p n_i{}^2}{Q_E}\left(\exp\left(\frac{qV_{BE}}{kT}\right) - 1\right) \tag{5.62}$$

$$Q_E = qA_E \int_0^{W_E} N_D(x)dx \tag{5.63}$$

電子注入基極之注入效率 γ 可寫為

$$\gamma = \frac{I_{nE}}{I_{nE} + I_{pE}} = \frac{1}{1 + \dfrac{I_{pE}}{I_{nE}}} = \frac{1}{1 + \dfrac{\tilde{D}_p Q_B}{\tilde{D}_n Q_E}} \tag{5.64}$$

故 γ 要趨近 1，則射極之摻雜 Q_E 要遠大於基極之摻雜數目 Q_B。

電子通過基極所損失電流為

$$I_{rB} = qA_E \int_0^W \frac{\Delta n}{\tau_n}dx = \frac{qA_E}{\tau_n}\int_0^W \Delta n \ dx \tag{5.65}$$

而傳導因子 α_E 為注入集極之電子流對原注入基極電子流 I_{nE} 大小之比

$$\alpha_E = \frac{I_{nE} - I_{rB}}{I_{nE}} = 1 - \frac{I_{rB}}{I_{nE}} \tag{5.66}$$

若定義 基極通過時間 (transit time) τ_B 為

$$\tau_B = \frac{\Delta Q}{I_{nE}} = \frac{qA_E \int_0^W \Delta n dx}{I_{nE}} \tag{5.67}$$

即在 I_{nE} 電流下消耗 ΔQ 之時間。由此傳導因子 α_E 可改寫成

$$\alpha_E = 1 - \frac{\tau_B}{\tau_n} \tag{5.68}$$

在標準電晶體內，α_E 之型式很簡單

$$\alpha_E = 1 - \frac{W^2}{2L_{nB}^2} = 1 - \frac{\tau_B}{\tau_n} \tag{5.69}$$

因此 τ_B 可表示爲

$$\tau_B = \frac{W^2}{2D_n} \tag{5.70}$$

接下來我們討論射集極連接電流 I_{nE} 與 Ebers-Moll 方程式內參數之關係。基極電流 I_B 可分成兩個來源，一從射極，另一從集極提供，亦即 $I_B = I_{BE} + I_{BC}$。其中

$$I_{BE} = (1 - \alpha_F)I_{ES}\left(\exp\left(\frac{qV_{BE}}{kT}\right) - 1\right) \tag{5.71}$$

$$I_{BC} = (1 - \alpha_R)I_{CS}\left(\exp\left(\frac{qV_{BC}}{kT}\right) - 1\right) \tag{5.72}$$

則由 Ebers-Moll 方程式

$$
\begin{aligned}
I_E &= -I_{ES}\left(\exp\left(\frac{qV_{BE}}{kT}\right) - 1\right) + \overbrace{\alpha_R I_{CS}}^{\alpha_F I_{ES}}\left(\exp\left(\frac{qV_{BC}}{kT}\right) - 1\right) \\
&= \alpha_F I_{ES}\left(\exp\left(\frac{qV_{BC}}{kT}\right) - \exp\left(\frac{qV_{BE}}{kT}\right)\right) - I_{BE}
\end{aligned} \tag{5.73}
$$

$$I_C = \alpha_R I_{CS}\left(\exp\left(\frac{qV_{BE}}{kT}\right) - \exp\left(\frac{qV_{BC}}{kT}\right)\right) - I_{BC} \tag{5.74}$$

故連接電流部份 I_{nE} 即爲 $I_S = \alpha_F I_{ES} = \alpha_R I_{CS}$。$\alpha_F I_{ES} = \alpha_R I_{CS}$ 之關係叫做相互關係 (reciprocity relation)，它告訴我們的是不論電晶體是正向或反向操作其連接電流完全一樣，即 I_S (順向) $= I_S$ (逆向)。

$$I_S \,(順向) = \frac{qA_E \tilde{D}_n n_i^2}{Q_{BE}/qA_E} \tag{5.75}$$

其中的 Q_{BE}/qA_E 叫作 Gummel number。如果射極面積 A_E 與集極面積 A_C 不同 $(\Lambda_C > A_E)$，則集極注入電流中只有部份 (A_E/A_C) 可流入射極，故

$$I_S \,(逆向) = \frac{qA_C \widetilde{D}_n n_i^2}{Q_{BC}/qA_C} \times \frac{A_E}{A_C} = I_S \,(順向) \tag{5.76}$$

相互關係仍成立。若接面有任何其他 1kT 或 2kT 漏電流流動，$I_{ES}(I_{CS})$ 變大，但乘以注入效率 γ 後，剩下的只有連接電流。故不論 EB 或 BC 接面之大小如何，1kT 或 2kT 漏電流有多大 $\alpha_F I_{ES} = \alpha_R I_{CS} \equiv I_S$ 恒成立。

5.2.3 電晶體之工作區間

電晶體之電流電壓關係可被分成四個區域，由電壓 V_{BE} 及 V_{BC} 之正負來界定。

1. 順向活性區 (Foward active)：$V_{BE} > 0, \ V_{BC} < 0$

   集極的電流為

$$\begin{aligned}
I_C &= +\alpha_F I_{ES} \exp\left(\frac{qV_{BE}}{kT}\right) - I_{CS} \\
&= -\alpha_F I_E + (1 - \alpha_F \alpha_R) I_{CS} \qquad （共基極） \\
&= \beta_F I_B + \frac{1 - \alpha_F \alpha_B}{1 - \alpha_F} I_{CS} \qquad （共射極）
\end{aligned} \tag{5.77}$$

   隨著 I_B 或 I_E 之增加而增加。

2. 逆向活性區 (Reverse active)：$V_{BE} < 0, V_{BC} > 0$

   射極電流為

$$\begin{aligned}
I_E &= +\alpha_R I_{CS} \exp\left(\frac{qV_{BC}}{kT}\right) + I_{ES} \\
&= -\alpha_R I_C + (1 - \alpha_F \alpha_R) I_{ES} \\
&= \beta_R I_B + \frac{1 - \alpha_F \alpha_R}{1 - \alpha_R} I_{ES}
\end{aligned} \tag{5.78}$$

3. 截止區 (Cut-off)：$V_{BE} < 0, V_{BC} < 0$

集極電流非常小為

$$I_C = \alpha_F I_{ES} - I_{CS} \tag{5.79}$$

4. 飽合區 (Saturation)：$V_{BE} > 0, V_{BC} > 0$

I_C 開始下降，此時最重要的參數為集射極電壓 $V_{CE}(\text{sat})$，可由下列兩式導出

$$I_C = \beta_F I_B - \frac{1 - \alpha_F \alpha_R}{1 - \alpha_F} I_{CS} \exp\left(\frac{qV_{BC}}{kT}\right) \tag{5.80}$$

$$I_E = -I_C - I_B = \beta_R I_B - \frac{1 - \alpha_F \alpha_R}{1 - \alpha_R} I_{ES} \exp\left(\frac{qV_{BE}}{kT}\right) \tag{5.81}$$

推得

$$V_{CE(\text{sat})} = \frac{kT}{q} \ln\left\{ \frac{\left[1 + \frac{I_C}{I_B}(1 - \alpha_R)\right]}{\alpha_R\left[1 - \frac{I_C}{I_B}\left(\frac{1 - \alpha_F}{\alpha_F}\right)\right]} \right\} \tag{5.82}$$

〔問題〕$I_C = 0$ 之 V_{CE}（補償電壓 offset voltage) 為何？

5.3 實際的 I-V 特性

5.3.1 Early 效應（集基極電壓效應）

根據 Ebers-Moll 方程式電晶體以共射極方式操作時，由 (5.43) 式可知當 I_B 一定時，I_C 似乎與集基極偏壓 V_{BC} 或 集射極偏壓 V_{CE} 無關。但事實上任何電晶體其 I_C 均隨 V_{CE} 之增加而增加，如圖 5.8 所示，這會影響到電晶體做為線性放大器之表現。這個現象於 1952 年首先由 Early 所解釋，因此叫做 Early 效應。其主要成因在於 V_{CE}（或 V_{CB}）之增加，會加大基極內空乏區

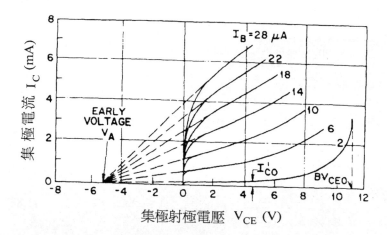

圖 5.8　npn 電晶體在共射極電路的典型輸出：Early Effect(錄自：H. K. Gummel and H. C. Poon, "An Integral Charge Control Model of Bipolar Transistors," Bell Syst. Tech. J., 49, 827, 1970)

的寬度，因而降低基極中性區寬度 W，電子流過 W 之損失也減少，增益提高，集極電流隨 V_{CE} 之增加而上升。其數學的分析如下：

1.　標準 npn 電晶體

　　當電子在基極的擴散長度 L_{nB} 遠大於基極寬度 W 時，基極內多出電子濃度分佈 $\Delta n(x)$ 為

$$\Delta n(x) = n_{pB}\left(\exp\left(\frac{qV_{BE}}{kT}\right) - 1\right)\left(1 - \frac{x}{W}\right) \tag{5.83}$$

而集極電流　I_C 的大小為

$$I_C = \alpha\left(A_E \frac{J_{nEo}}{R_n}\right)\left(\exp\left(\frac{qV_{BE}}{kT}\right) - 1\right) + I_{CS} \tag{5.84}$$

其中的

$$R_n = 1 + \frac{\cosh(W/L_B) + \frac{L_B v_n}{4D_B}\sinh(W/L_B)}{\cosh(W/L_B) + \frac{4D_B}{L_B v_n}\sinh(W/L_B)} = 2 + \frac{W v_n}{4D_B} \cong \frac{W v_n}{4D_B} \quad (5.85)$$

將 R_n 代回 (5.84) 式可得

$$I_C \cong \frac{4D_B \alpha A_E J_{nEo}}{v_n W}\exp(qV_{BE}/kT) \quad (5.86)$$

將 I_C 對 V_{CB} 微分得

$$\frac{\partial I_C}{\partial V_{CB}} = -\frac{4D_B \alpha A_E J_{nEo}}{W^2 v_n}\exp(qV_{BE}/kT)\frac{\partial W}{\partial V_{CB}} \quad (5.87)$$

$$= -\frac{I_C}{W}\frac{\partial W}{\partial V_{CB}} = -\frac{I_C}{V_A} = \frac{I_C}{|V_A|} \quad (5.88)$$

此時我們可以定義一 Early 電壓 V_A 為

$$V_A = \frac{W}{\partial W/\partial V_{CB}} \quad (5.89)$$

該值為負且與 V_{CB} 有關。

2. IC 電晶體：$V_{BC} < 0$

由 (5.59) 式知在電晶體正常工作範圍內 ($V_{BC} < 0$)，集極電流為

$$I_C = \frac{qA_E \tilde{D}_n n_i^2 \exp(qV_{BE}/kT)}{\int_0^W p\,dx} \quad (5.90)$$

對 V_{CB} 微分得

$$\frac{\partial I_C}{\partial V_{CB}} = -\frac{qA_E \tilde{D}_n n_i^2 \exp(qV_{BE}/kT)p(W)}{\left[\int_0^W p\,dx\right]^2}\frac{\partial W}{\partial V_{CB}}$$

$$= -I_C p(W)\left[\frac{1}{\int_0^W p\,dx}\right]\frac{\partial W}{\partial V_{CB}}$$

$$= -\frac{I_C}{V_A} = \frac{I_C}{|V_A|} \tag{5.91}$$

此時之 Early 電壓 V_A 爲

$$V_A = \frac{\int_0^W p\,dx}{p(W)\dfrac{\partial W}{\partial V_{CB}}} \tag{5.92}$$

當電洞濃度 p 爲常數，則上式可化簡化成 (5.89) 式。

實驗上量 V_A 之方法如圖 5.8 所示，在接近 $V_{CB} \cong 0, V_{CE} \cong V_{BE}$ 時之 I_C 曲線作其切線，則切線與 V_{CE} 軸之交點電壓 V_A 滿足

$$\frac{\partial I_C}{\partial V_{CB}}|V_A| \cong I_C \tag{5.93}$$

之條件，亦即 V_A 就是 Early 電壓。其中 V_{BE} 因爲約爲常數，故 $\partial I_C/\partial V_{CE} \approx \partial I_C/\partial V_{CB}$ 。

5.3.2 射基極 2kT 電流之影響

當基極電流 I_B 很小，射基 (EB) 極電壓 V_{BE} 太低時，2kT 復合電流佔優勢，此時少數載體入射到基極的注入效率很差，電晶體之電流增益很小。爲適當地把此 2kT 復合電流的效應放入，Ebers-Moll 方程式必須予以適當的修改如下

$$
\begin{aligned}
I_C &= \alpha_F I_{ES}\left(\exp\left(\frac{qV_{BE}}{kT}\right)1\right) - \frac{I_{CS}}{\gamma_{C12}}\left(\exp\left(\frac{qV_{BE}}{kT}\right)-1\right) \\
I_E &= -\frac{I_{ES}}{\gamma_{E12}}\left(\exp\left(\frac{qV_{BE}}{kT}\right)-1\right) + \alpha_R I_{CS}\left(\exp\left(\frac{qV_{BE}}{kT}\right)-1\right)
\end{aligned}
\tag{5.94}
$$

其中流經集基 (CB) 極接面 1kT 電流的注入效率 γ_{C12} 爲

$$\gamma_{C12} = \frac{I_C(1kT)}{I_C(1kT) + I_C(2kT)} \tag{5.95}$$

又流經射基 (EB) 極接面 1kT 電流的注入效率 γ_{E12} 為

$$\gamma_{E12} = \frac{I_E(1kT)}{I_E(1kT) + I_E(2kT)} \tag{5.96}$$

因此,電晶體在共射極之操作下集極電流應改為

$$I_C = \beta_F I_B - \left(\frac{\dfrac{1}{\gamma_{C12}} - \alpha_F \alpha_R \gamma_{E12}}{1 - \alpha_F \gamma_{E12}} \right) I_{CS}\left(e^{qV_{BC}/kT} - 1\right) \tag{5.97}$$

其中的電流增益 β_F 為

$$\beta_F = \frac{\alpha_F \gamma_{E12}}{1 - \alpha_F \gamma_{E12}} \tag{5.98}$$

與電壓 V_{BE} 有關。故當 I_B 很小,γ_{E12} 很小,β_F 也很小,因此要做一個低電流之放大器(如心臟之刺激器 pacemaker),則必須藉由適當的元件設計以降低 2kT 電流。

5.3.3 射基極高偏壓的效應(Kirk effect)

當集極摻雜很低時(例如 $N_D \cong 10^{15} \sim 10^{16} / cm^3$),可以增加基集極之逆向崩潰電壓,也可降低 Early 效應。但它也有缺點就是在高電流時,會產生集基極向外推出 (pushout) 之現象,稱之為 Kirk 效應。

這個現象的成因如下:在集基極接面空乏區之邊界 x = W 處,我們假設電子之濃度 $n(W) \approx n_{pB}\left(e^{qV_{BC}/kT}\right) \approx 0$,所有從射極注入基極之電子在到達 BC 接面都很快被掃入集極中。但如果我們用電流平衡的觀點來看這個問題,則邊界條件就不再是 $n(W) \approx 0$ 了。因此,多出電子濃度會抵消集極空乏區內的正電荷密度,而對空乏區內的電場造成影響。因為電子流在空乏區內,受到強大電場之影響,其遷移電流可寫成 $J_C = \Delta n q v_S$,其中 v_S 是電

子之飽合速度，由於 v_S 爲有限值，故 $\Delta n = \dfrac{J_C}{qv_S}$ 才是正確的邊界條件。現

用一例子來說明：

〔例〕半導體矽中電子在電場 $\varepsilon_C = 2 \sim 3 \times 10^4 \, V/cm$ 以上接近到飽合速度

v_S 的 10% 以內達到飽合速度。而在一 p-n 接面中若 $N_A = 10^{17}/cm^3$ ，

$N_D = 5 \times 10^{15}/cm^3$ ，

$$\varepsilon_{max} = \sqrt{\frac{2qN_D}{\in_S}(V_{bi} - V)} \cong 4 \times 10^4 \sqrt{V_{bi} - V} \qquad V/cm$$

若外加電壓爲 -5V，則 $\varepsilon_{max} \cong 10^5$ V/cm。所以空乏區寬度 W 爲

$$W = \frac{2}{\varepsilon_{max}}(V_{bi} - V) \cong 1.2 \quad \mu m$$

在 1.2μm 之空乏區中約有 70% 以上之區域其電場大於 ε_C。

　　故絕大部份空乏區內電子之速度均接近飽和速度 v_S。又在 BC 接面空

乏區內之電子數目 Δn 會隨電流 J_C 之增加而增加，Poisson 方程式應寫成

$$\frac{d^2V}{dx^2} = -\frac{q}{\in}(N_D{}^+ - \frac{J_C}{qv_S}) \tag{5.99}$$

因此當電子流大到使 $\Delta n = \dfrac{J_C}{qv_S} \geq N_D{}^+$ 時，整個 CB 接面空乏區內的正電荷

$N_D{}^+$ 被中和而 BC 接面被推到集極的另一邊介面，如果 n^+ 埋藏層存在的

話，BC 接面的電場會終止在 n^+-n 介面的正電上。若 n 層直接與歐姆接點

聯接，則電場會終止在歐姆接點上。此時 CB 接面有效長度增加，電晶體電

流增益下降，電子通過時間增加。而多出電子在集極之傳導過程爲以空間電

荷限制 (space-charge limited) 方式流動。

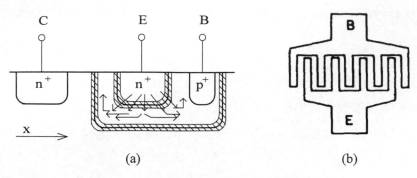

圖 5.9 (a) 基極擁擠效應，(b) 梳狀電路。

5.3.4 基極擁擠效應(Base crowding effect)

如圖 5.9(a) 所示，在由於射集極中間的基極是一很狹窄的區域，故電阻相當大，因此當基極 電流 I_B 增大則沿 x 方向會造成位降。由 pn 接面 I-V 特性 $I = I_o (e^{qV/kT} - 1)$ 知，偏壓 V 僅要改變 kT，注入電流可改變 2~3 倍，因此注入電流有集中於射極角落之趨勢，這種現象叫做電流擁擠 (current crowding)效應。由此所導致的主要缺點爲有二：第一、電流不均勻，容易造成局部過熱，能承受之總電流降低。第二、 容易發生高注入 (high-injection) 效應。故在功率電晶體內，射基極之設計要採用梳子狀之結構如圖 5.9(b) 所示，以降低單個射極之寬度。

5.4 電晶體的應用

5.4.1 Diac (Diode ac switch, Bidirectional thyristors)

當一個電晶體用做兩端點 (two-terminal) 元件時，如圖 5.10(a) 所示，則叫做 diac。與電晶體不同的是在 diac 裡兩個 n 型區之摻雜相差不多，以便保持電壓電流對稱的特性。

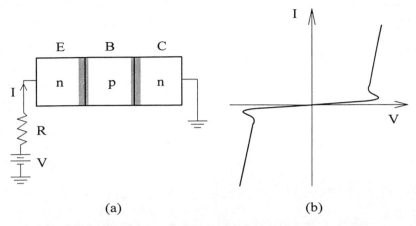

圖 5.10 (a) Diac 的元件結構，(b) Diac 的 I - V 特性曲線。

當 diac 加以電壓 V，有一電流 I 流動。而電子從射極以 γ 之注入效率，注入基極，流到集極的傳導因子為 α_E ，而當這些電子流入集基極空乏區時，被電場加速產生衝擊游離而被放大 M 倍（乘積因子），而集基極本身有逆向飽合電流 I_{CS} 流通，故由電流 I 必須連續知

$$I\gamma\alpha_E M + I_{CS} = I \qquad\qquad (5.100)$$

$$I = \frac{I_{CS}}{1 - \gamma\alpha_E M} = \frac{I_{CS}}{1 - \alpha_F M} \qquad (\gamma\alpha_E < 1,\ M > 1) \qquad (5.101)$$

故當電壓 V 大到使 $\gamma\alpha_E M = 1$ 時，會有重覆產生 (regeneration) 過程發生，而導致電流大幅增加。如圖 5.10(b) 所示，I-V 特性有負電阻現象發生，此乃因電流較小時，注入效率 $\gamma \ll 1$ ，故 M 必須遠大於 1 以達到 $\alpha_E M = 1$ 之條件。當電流開始增加，γ 很快趨近於 1 ，此時 M 可縮小到略大於 1 仍能滿足 $\alpha_E M = 1$ 之條件，故所加電壓 V 可減小，以減少 M ，造成負電阻效應。

5.4.2 放大及交換(switching)電晶體

電晶體就用途分，可分為放大 (amplifying) 及交換用。在放大方面有一般低頻，微波及功率電晶體而在交換方面又有 TTL，I²L 等設計。其結構大致相同，都是在一高電阻係數之 Si 磊晶層上做成，如同這章剛開始所描述的一樣。這層磊晶層有兩個目的，一個是增加 BC 極之逆向崩潰電壓，一是降低 Early 效應。而集極電阻則由 n⁺ 埋藏層所降低，有時還加一次額外的擴散，如圖 5.11 所示，以使 n⁺ 接點區與埋藏層聯接，以更大幅降低串聯電阻，叫做集極塞子。兩種不同用途的電晶體，其結構最大的不同射基極各層厚度、磊晶層厚度及電阻係數不同。

〔例如〕

用途	磊晶厚度(μm)	電阻係數 $\rho(\Omega - cm)$
放大	10	1
交換	3.5	0.3~0.8

當作放大用途時，因為 BC 極崩潰電壓 V_{CBO} 要高，Early 效應要小，因此要厚，摻雜要低。用作交換用途時，"ON"電阻要小，以增加速度，因此磊晶要薄，摻雜要稍高。若要用蕭基箝制 (Schottky clamping) 結構則摻雜不能太高。

5.4.3　p-n-p 電晶體和 I²L (Integrated-Injection Logic)

在使用雙極性電晶體之邏輯電路中，若電路係小型 (SSI) 及中型積體電路 (MSI)，電晶體主要為 npn 電晶體，而邏輯電路則以 TTL 為主。到大型 (LSI) 甚或超大型積體電路 (VLSI) 中則大部分用 I²L 為主之技術。通常在 IC 之製造過程中，如果我們只用一種型式的電晶體，對良率 (yield) 之增加及成本之降低都大有助益。而因為電子遷移率較高，因此一般 IC 都集中在使

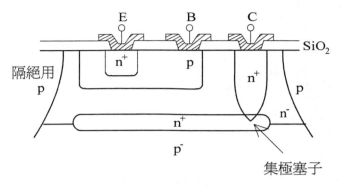

圖 5.11　集極塞子。

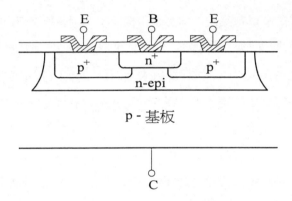

圖 5.12　基板型 pnp 電晶體。

用 npn 的結構。如果需要用到 pnp 電晶體時也是儘量配合 npn 之程序。一般 pnp 電晶體有兩種型式：

(1)　基板 (Substrate) 型

　　利用 n 型磊晶層做基極，p 型擴散層做射極，基板做集極，如圖 5.12 所示。而 npn 電晶體是用 n 型磊晶層做集極，p 型做基極，n^+ 做射極。這種型式的 pnp 電晶體優點為射基極接面遠離表面，電流增益 β 容易做得很好，約可達到 100 左右。但因為同類型 pnp 電晶體之集極互相聯通，故只能用在 emitter-follower 之類型的電路上，集極為接地。

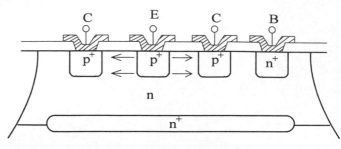

圖 5.13　橫向型 pnp 電晶體。

(2)　橫向型 (Lateral)

　　一般獨立的 pnp 電晶體，則必須用橫向型如圖 5.13 所示，n 型磊晶層為基極，p⁺ 擴散層則為射極及集極，n⁺ 擴散層為基極之歐姆接觸用。由於從射極注入基極再進入集極之電洞靠近表面而行，會受到表面能階導致快速復合之影響，傳導因子很差，因此電晶體特性遠比基板型 pnp 電晶體為差 (β =20)。為提高電流增益 β，通常設計時注意兩點：第一，集極完全圍繞射極。第二，加入 n⁺ 埋藏層，一方面降低基極電阻，一方面將向下擴散的電洞反彈回基極，避免流入 p⁻ 基板形成寄生基板型 pnp 電晶體。

　　在 LSI 雙極電晶體邏輯電路中，最重要一種是積體注入邏輯 (integrated-injection logic - I²L) 係利用一橫向型 pnp 及正常的 npn 電晶體合成，如圖 5.14(a) 所示。npn 電晶體為反向 (inverted) 以 n 磊晶層為射極，n⁺ 為集極，p 型基極也同時為 pnp 橫向電晶體之集極，因為幾個 n⁺ 集中在 p 型槽中，且 pnp, npn 共用一極，故可節省面積而提高電晶體密度，其等效電路如圖 5.14(b) 所示。

　　當 B 沒有信號加入時，橫向型 pnp 電晶體中射極注入基極之電洞流入集極 B 點但沒有出路，因此 B 極開始累積電洞產生正電壓將 npn 電晶體打開並進入飽合區。若當 B 點接有其他電路可以吸收電洞，則 npn 電晶體將被切斷而關閉。

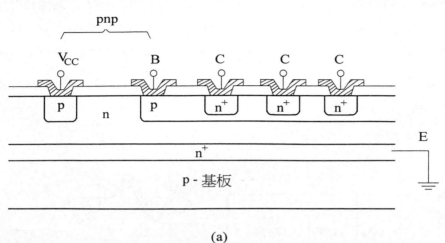

(a)

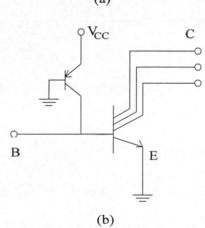

(b)

圖 5.14 (a) I²L 電晶體，(b) 等效電路。

5.5 異質接面雙極電晶體(Heterojunction Bipolar Transistor, HBT)

在高速 IC 的發展上，GaAs IC 佔有相當重要之地位。目前最主要使用的元件是 MESFET 的結構，我們將在下章介紹。另外兩個元件結構為

MODFET (HEMT) 及 HBT 。HBT 結構較複雜，消耗功率較高，適用於中型積體電路 (MSI) 之驅動器等 IC 上。目前研究的結構有 AlInAs / InGaAs、AlGaAs / GaAs、InGaAs / InP 等系統，我們以 (N) $Al_xGa_{1-x}As$ - (p^+) GaAs-(n) GaAs 異質單接面電晶體來說明此種電晶體之特性，其結構及帶圖如圖 5.15(a) 及 (b) 所示。

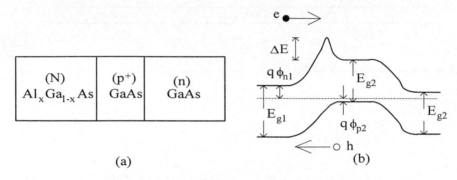

(a)

圖 5.15　(a) 異質接面電晶體，(b) 能帶圖。

5.5.1　使用 HBT 的理由

使用異質接面雙極電晶體最主要的理由，是它能同時滿足高增益及高速度的要求，因而解決了一般電晶體兩者無法兼顧的困難。如圖 5.15(b) 所示，HBT 射極是用高帶溝之 $(N)Al_xGa_{1-x}As$，因此電洞注入射極時將看到一 $E_{g1} - q\phi_{n1}$ 之位障，而電子注入基極時看到約 $E_{g2} - q\phi_{p2} + \Delta E$ 之位障。當 ΔE 很小或 $\cong 0$ 時，不論基極摻雜如何，通常 $E_{g1} - q\phi_{n1} \gg E_{g2} - q\phi_{p2} + \Delta E$，故電子在射基極介面的注入效率 γ_E 在 1kT 電流佔優勢時，均非常趨近於 1 。由於 γ_E 與摻雜關係不大，因此我們可以將基極摻雜提高到 p^+ 以降低基極電阻，同時可降低射極摻雜，以增加射基極接面空乏區寬度而降低其接面電容，這些均可增加電晶體之速度，因此 HBT 具有成為高速、高增益元件之潛力。不像傳統的同質接面電晶體為提高增益，基極之摻雜濃度必須小於射極，造成基極電阻增加，RC 時間常數增加，元件速度無法提高。另外若在 HBT 之射基極接面 $\Delta E \neq 0$ ，則雖然注入效率 γ_E 會稍降，但由射極注入基極之電子獲得額外 ΔE 之能量，故成為熱電子，有極高之速度在基極內做彈道傳導 (ballistic transport)，也可增加電晶體之速度。

5.5.2 HBT 所面對的兩接面是否對稱問題

HBT 也有一個缺點，那就是當 HBT 用在共射極操作時，其集極電流 $I_C = 0$ 時之集射極電壓約在 0.2~0.5 V 左右，叫做補償電壓 (offset voltge)。比一般同質接面雙極電晶體約在 0 V 要高，也就是當此種電晶體用做交換 (switching) 用途時，在"ON" 的情況下之電壓會太大 約在 0.5~0.8 V 左右，不但造成不必要的能量損耗，而且在電路設計上需要用補償設計以抵消這個電壓，造成很大困擾。這個補償電壓產生之原因，是否是由於接面不對稱之緣故呢？也就是 HBT 的射基極為異質接面，而基集極為同質接面，而異質接面上可能有位障尖峰 ΔE 存在，故產生不對稱。首先我們要證實 ΔE 的確存在，接著我們要證實這並不是造成接面不對稱的原因。我們可以把 HBT 反向操作，射集極對調量其轉移 (transfer) 電流如圖 5.16(a) 所示。通常同質接面雙極電晶體之集極電流 I_C 對射基極電壓 V_{BE} 之圖（基集極短路 $V_{BC} = 0$），不論正向或反向操作，電子所遭遇到的位障一樣，故 I-V 特性完全一樣。但如圖 5.16(a) 所示，HBT 的正向操作電流遠小反向操作之電流，此乃因正向操作時 ΔE 存在於 EB 接面（圖5.16(b)）但反向操作時，ΔE 被壓下之故，如圖 5.16(c) 所示。因此在 EB 接面順向偏壓時，故的確有一 ΔE 出現在 EB 接面。因此消除補償電壓的第一個方法就是藉由長晶過程適當的做接面漸變，而把位障尖峰 ΔE 去除。另外一種想法是用對稱之接

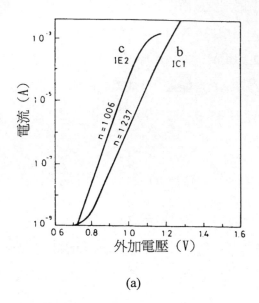

(a)

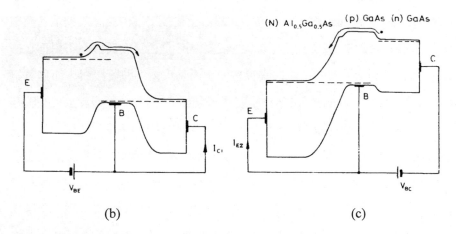

(b)   (c)

圖 5.16 射集極介面能障 ΔE 的證明：(a) I-V 特性曲線圖，曲線 b 及 c 相對
應於圖 (b) 及 (c) 之測量狀況，(b) 為正向偏壓測量，(c) 逆向偏壓測
量。(錄自：H. H. Lin, S. C. Lee, IEEE Electron Device Letters, EDL-6,
No. 8, 431, 1985)

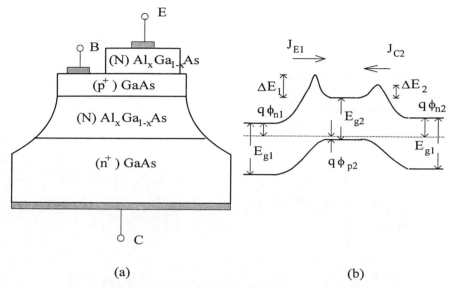

圖 5.17　(a) $Al_xGa_{1-x}As/GaAs$ 雙異質 HBT　(b) 能帶圖。

面，即利用雙異質 (double heterostructure) HBT (DHBT) 之結構，如圖 5.17(a) 所示。利用 DHBT 的優點有二：第一，由於對稱之故，射集極可互相交換，增加設計電路之自由度。第二，在飽和區域即使基集極接面是順偏 ($V_{BC} > 0$)，基極內電洞受到集極為高帶溝之影響，注入到集極很少，不會造成電荷儲存效應，因此可增加電晶體的操作速度。

5.5.3　HBT 產生補償電壓的真正原因

但在實驗上發現，DHBT 常常仍呈現很大的補償電壓，故必須訴諸理論之推導（請參考 S.C.Lee and H.H Lin, J.Appl. Phys. 59,1688, 1986）。經過詳細推導發現，射極面積 A_E 不等於集極面積 A_C，如圖 5.18 所示，才是產生補償電壓的主因。其結果如下：

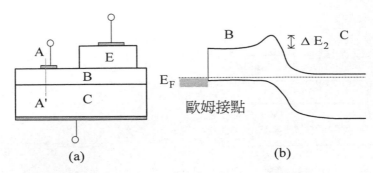

圖 5.18　電晶體射極及集極面積不對稱，(a) 電晶體側面圖，(b) 沿 AA' 線基
　　　　集極暴露於歐姆接點下的能帶圖，注意基極與金屬接觸位置沒有位
　　　　障尖峰 ΔE_1。

$$I_E = -\frac{A_E}{\gamma_{E12}}\left(\frac{J_{nEo}}{R_{n2}} + \frac{J_{pEo}}{R_{pe}}\right)\left(\exp\left(\frac{qV_{BE}}{kT}\right) - 1\right) + A_E \alpha_2 \frac{J_{nEo}}{R_{n2}}\left(\exp\left(\frac{qV_{BC}}{kT}\right) - 1\right)$$

$$(5.102)$$

$$I_C = A_E \alpha_1 \frac{J_{nCo}}{R_{n1}}\left(\exp\left(\frac{qV_{BE}}{kT}\right) - 1\right)$$

$$-\frac{A_C}{\gamma_{C12}}\left[J_{nCo}\left(\frac{R}{R_{n1}} + \frac{1-R}{R_{no}}\right) + \frac{J_{pCo}}{R_{pc}}\right]\left(\exp\left(\frac{qV_{BC}}{kT}\right) - 1\right)$$

$$(5.103)$$

其中的

$$R_{ni} = 1 + T_j \frac{\cosh(W/L_B) + T_i(L_B v_n/4D_n)\sinh(W/L_B)}{T_i \cosh(W/L_B) + \frac{4D_B}{L_B v_n}\sinh(W/L_B)} \ , \tag{5.104}$$

$$T_i = \exp\left(-\Delta E_i/kT\right) \quad ; \ i,j = 1, 2 \ , \ i \neq j \tag{5.105}$$

$$R_{no} = 1 + T_2 \frac{\cosh(W/L_B) + (L_B v_n/4D_B)\sinh(W/L_B)}{\cosh(W/L_B) + \frac{4D_B}{L_B v_n}\sinh(W/L_B)} \tag{5.106}$$

$$\alpha_i = \frac{T_i}{T_i \cosh(W/L_B) + (4D_B/L_B v_n) \sinh(W/L_B)} \qquad (5.107)$$

$$R = \frac{A_E}{A_C} \qquad (5.108)$$

$\gamma_{E12}(\gamma_{C12})$ 是 1kT 電流佔 EB(BC) 接面總電流 (1kT + 2kT) 之比例。此時在 R_{ni} 中可定義一重要參數 ΔE_0 如下

$$\frac{4D_B}{L_B v_n} \tanh\left(W/L_B\right) = T_0 = \exp\left(-\frac{\Delta E_0}{kT}\right) \qquad (5.109)$$

T_0 代表入射基極之載體在兩個位障 ΔE_1 及 ΔE_2 之阻擋而反彈下,在基極內之復合損失。這時由於射極 A_E 與集極面積 A_C 之不同, 集極接面電子的入射電流在射極範圍下及暴露空氣中或歐姆接點下之基極內會有很大不同,如圖 5.18(b) 所示。因此造成射基極及基集極極端不對稱。在基極暴露部份,只有歐姆接點而無射極,故 $\Delta E_1 = 0$。

5.5.4 HBT 內載體運動的物理分析

此電流公式化簡後可得出一些很重要之結果,列在表 6-1 及 6-2 中。表 6-1 顯示的是在不同位障尖峰及基極損失之下,基極入射電流 J_{EI},傳導因子 α_2 及集極轉移電流 J_{CI} 所面對之有效位障大小。表 6-2 所顯示的是在同樣狀況下,正向及反向之補償電壓 (ΔV_{CE} 及 ΔV_{EC}) 之大小。茲以兩個例子分析於下:

(1) $\Delta E_0 > \Delta E_1 > \Delta E_2$

J_{EI} 入射電流首先看到一 ΔE_1 之位降,進入基極後在集極看到一 ΔE_2 之位障只有 $T_2 = \exp(-\Delta E_2 / kT)$ 之機會被掃入集極。來回反射後有

$T_0 = \exp(-\Delta E_0 / kT)$ 之機會復合掉，碰到 ΔE_1 有 $T_1 = \exp(-\Delta E_1 / kT)$ 之機會跑回射極，故每走一次來回的損失中有

$$\frac{T_2}{T_1 + T_0 + T_2} \approx \frac{T_2}{T_1 + T_2} \approx 1 \qquad (5.110)$$

之機會進入集極，故來回走無窮多次後，全部之電子均進入集極，而 J_{E1} 剛進入基極時看到 ΔE_1 之位障，反射回來之電流爲 J_{E1} 的

$$\frac{T_1}{T_1 + T_0 + T_2} \approx \frac{T_1}{T_2} \approx 0 \qquad (5.111)$$

很小，故 J_{E1} 總共看到 ΔE_1 之有效位障，而 J_{C1} 也是看到 ΔE_1 之位障，故傳導因子 α_2 爲 1。此時若射集極面積比 R 爲 1，自然兩邊電流所看到位障一樣，補償電壓 $\Delta V_{CE} = 0$ ，但若 R<1，則在基極暴露於空氣之區域，集極注入基極之電流看到一個較小位障 ΔE_2，電流密度較大，產生不對稱，而補償電壓 ΔV_{CE}

表 6-1　入射電子所看到的有效位障的高度

	Case*	J_{E1}	α_2 的	J_{C1}
		(J_{nE0}/R_{n2})	活化能**	$(\alpha_2 J_{nE0}/R_{n2})$
	1. $\Delta E_0 > \Delta E_1 > \Delta E_2$	ΔE_1	0	ΔE_1
	2. $\Delta E_0 > \Delta E_2 > \Delta E_1$	ΔE_2	0	ΔE_2
	3. $\Delta E_2 > \Delta E_0 > \Delta E_1$	ΔE_0	$\Delta E_2 - \Delta E_0$	ΔE_2
	4. $\Delta E_1 > \Delta E_0 > \Delta E_2$	ΔE_1	0	ΔE_1
	5. $\quad \Delta E_1 > \Delta E_0$	ΔE_1	$\Delta E_2 - \Delta E_0$	$\Delta E_1 + \Delta E_2 - \Delta E_0$
	$\quad \Delta E_2 > \Delta E_0$			

*$\Delta E_1 > \Delta E_2$ 意指$\Delta E_1 > \Delta E_2 + kT$

** $\alpha_2 = \exp(-\Delta E/kT)$, ΔE 爲活化能 （activation energy）

表 6-2　正向及反向補償電壓

Case	$q\Delta V_{CE}$		$q\Delta V_{EC}$**
	$R=1$*	$R<1$	$R\le 1$

$\Delta E_1 - \Delta E_2 +$

Case	$R=1$*	$R<1$	$R\le 1$
1. $\Delta E_0 > \Delta E_1 > \Delta E_2$	≈ 0	$kT\ell n\left(\dfrac{(1/R)-1}{R_{n0}}\right)$	≈ 0
2. $\Delta E_0 > \Delta E_2 > \Delta E_1$	≈ 0	$kT\ell n\left(1+\dfrac{(1/R)-1}{R_{n0}}\right)$	≈ 0
3. $\Delta E_2 > \Delta E_0 > \Delta E_1$	≈ 0	$kT\ell n\left(1+\dfrac{(1/R)-1}{R_{n0}}\right)$	$\Delta E_2 - \Delta E_0$

$\Delta E_1 - \Delta E_2 +$

Case	$R=1$*	$R<1$	$R\le 1$
4. $\Delta E_1 > \Delta E_0 > \Delta E_2$	$\Delta E_1 - \Delta E_0$	$kT\ell n\left(\dfrac{(1/R)-1}{R_{n0}}\right)$	≈ 0

$\Delta E_1 - \Delta E_0 +$

Case	$R=1$*	$R<1$	$R\le 1$
5.　$\Delta E_1 > \Delta E_0$　$\Delta E_2 > \Delta E_0$	$\Delta E_1 - \Delta E_0$	$kT\ell n\left(1+\dfrac{(1/R)-1}{R_{n0}}\right)$	$\Delta E_2 - \Delta E_0$

* $R\,(= A_E/A_C)$ 是射極對集極的面積比。

** $q\Delta V_{EC}$ 為反向操作時之補償電壓。

$$\Delta V_{CE} = \frac{kT}{q}\ell n\left(\frac{1+\left(\dfrac{1}{R}\quad 1\right)R_{n1}\Big/R_{n0}}{\alpha_1\gamma_{Cpn}\gamma_{C12}}\right) \qquad (5.112)$$

γ_{Cpn} 為電子注入電流佔 BC 接面 1kT 電流(電子加電洞)之比例。可解得為

$$\frac{\Delta E_1 - \Delta E_2}{q} + \frac{kT}{q} \ell n \left(\frac{\frac{1}{R} - 1}{R_{no}} \right) \tag{5.113}$$

有顯著的補償電壓產生。

(2) $\Delta E_0 > \Delta E_2 > \Delta E_1$

J_{E1} 注入基極，來回一次之損失中有 $\dfrac{T_2}{T_1 + T_0 + T_2} \approx \dfrac{T_2}{T_1}$ 進入集極，有

$\dfrac{T_1}{T_1 + T_0 + T_2} = 1 - \dfrac{T_2}{T_1}$ 的機會回到射極，互相抵消之結果射極電流減少爲 J_{E1} 之

$$1 - \left(1 - \frac{T_2}{T_1}\right) = \frac{T_2}{T_1} = \exp\left(-\frac{\Delta E_2 - \Delta E_1}{kT}\right) \tag{5.114}$$

乘以 J_{E1} 後得出射極電流看到一位障爲 ΔE_2。而進入集極之電流爲 J_{E1} 乘以 T_2 / T_1，故集極電流 J_C 亦看到 ΔE_2 之位障，傳導因子 α_2 仍爲 1。

此時不論射集極積比 R=1 或 R<1，集極注入基極電流所面臨之有位障 ΔE_2 在暴露區與射極下都是一樣。而且與射極注入基極所面臨之有效位障一樣，故此時補償電壓 ΔV_{CE} 很小，只有 $kT \ell n \left(1 + \dfrac{1/R - 1}{R_{no}}\right)$ 之值，其他狀況也可用樣方法分析出來。

第六章 接面場效電晶體 (JFET and MESFET)

接面場效電晶體 (JFET) 於 1952 年首先由 Shockley 所提出，它基本上是一個可由外加電壓控制的電阻，由於它的導電主要是靠多數載體，故又稱為"單極" (unipolar) 電晶體。1966 年 Mead 首先提出將閘極的 pn 接面換成蕭基二極體，即金屬－半導體接面，而稱此元件為 MESFET。目前半導體 Si 中以 JFET 的結構為主，而 GaAs 中則是以 MESFET 為主。MESFET 的優點有三：第一，閘極蒸鍍金屬可在低溫下進行；第二，金屬電阻很小；第三，導熱很快。而 JFET 的優點是可用異質接面來做閘極而改善頻率響應。

6.1 FET 元件特性

圖 6.1 是一傳統之一 n 通道 (n channel) JFET 元件，n 型磊晶層長在 p 型或絕緣之基板上，兩個 n⁺ 擴散區為源極 (source) 及汲極 (drain)，p⁺ 擴散區形成閘極。在閘極上加以電壓改變 p 型區下空乏區之寬度可以調整通道的導電度。由帶結構來看，閘極及基板 p 型區域將 n 型區夾成一個狹窄之通道，當 p⁺n 之逆向偏壓夠大之時將可把 n 型通道整個夾止 (pinch-off)。

當汲極加上正電壓後，電流向源極流動，沿 x 方向產生位降，故沿著 n 通道每一點 x 之電位 $V(x)$ 均不相同。因為 $V(x)$ 與閘極偏壓 V_G 形成逆向偏壓而決定 x 點空乏區之寬度，故每點空乏區寬度都不一樣，如圖 6.1 所示。為推導 FET 的電流電壓(I-V)特性，我們必須做下面幾個假設：

(1) 由於通道寬度 W 遠大於長度 L，故可看成 1 度空間問題，

(2) 通道長度 L 遠大於厚度 a 故可用通道漸變假設 (gradual-channel approx.)，令 x 方向電場遠小於 y 方向電場 $\varepsilon_x << \varepsilon_y$，

(3) 源極及汲極電阻可忽略，故 x=0, V(0)=0 及 x=L, V(L)=V_D，

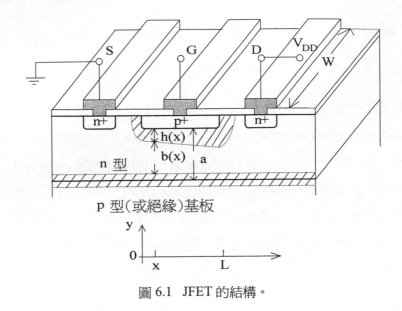

圖 6.1　JFET 的結構。

(4) 通道與基板所形成之空乏區寬度絕大部分在基板內。故 $a \approx b + h$，其中 h
為閘極 p^+n 接面在 n 通道內之空乏區寬度，b 為中性通道之寬度，

(5) 通道內摻雜 N_D 為定值。

由這些假設我們可由 Poisson 方程式及假設(2)得

$$\nabla^2 V(x,y) = \frac{\partial^2 V}{\partial x^2} + \frac{\partial^2 V}{\partial y^2} = -\frac{qN_D}{\epsilon_s} \approx \frac{\partial^2 V}{\partial y^2} \qquad (6.1)$$

先解 h(x)為

$$h(x) = \left[\frac{2\,\epsilon_s}{qN_D} \left(V_{bi} + V(x) - V_{GS} \right) \right]^{\frac{1}{2}} \qquad (6.2)$$

式中的 V(x) 為在近似中性 (quasi-neutral) 區中 x 點之電壓，V_{bi} 為 p^+n 接面
內建電位，V_{GS} 為閘極到源極電壓，ϵ_s 為半導體介質常數。對空乏型
(depletion-mode) FET 而言，V_{GS} 為負，對增強型 (enhancement-mode) FET
而言，V_{GS} 為正。

電流密度 $J(x, y)$ 係由多數載體所提供，根據第二章的討論 $J(x,y)$ 可寫為

$$J(x,y) = \sigma(x,y)\mathcal{E}_x(x,y) = \begin{cases} -qN_D\mu\dfrac{\partial V}{\partial x}, & 0 \le y \le b(x) \\ -qn(x,y)\mu\dfrac{\partial V}{\partial x}, & b(x) \le y \le a \end{cases} \quad (6.3)$$

其中的電子濃度 $n(x,y)$ 可寫為

$$n(x,y) \approx N_D\exp\left(-\frac{q(V(x) - V(x,y))}{kT}\right) \quad (6.4)$$

$V(x)$ 為在 n 型通道 x 點之中性區（$0 \le y \le b$）的電位。汲極電流 I_D 為

$$I_D = \int_0^a |J(x,y)|Wdy = \int_0^b qN_D\mu\frac{\partial V}{\partial x}Wdy + \int_b^a q\mu\frac{\partial V}{\partial x}Wn(x,y)dy \quad (6.5)$$

當 b=0 時，導電通道被夾止 (pinch off)，此時定義一夾止電壓 V_p

$$V_p = \frac{qN_D}{2\in_S}a^2 \quad (6.6)$$

則當在 x=L，b>0 或 a-h>0 時，第一項積分通常比第二項大很多，故可忽略第二項而得

$$I_D = qN_D\mu Wb\frac{\partial V}{\partial x} = qN_D\mu W(a - h)\frac{\partial V}{\partial x} \quad (6.7)$$

左右兩式對 x 積分 0 到 L 得

$$I_D = \frac{qN_D\mu W}{L}\int_0^{V_{DS}}\{a - [\frac{2\in_S}{qN_D}(V_{bi} + V(x) - V_{GS})]^{\frac{1}{2}}\}dV \quad (6.8)$$

定義 G_o 為 n 通道之最大電導 (conductance)

$$G_o = \sigma\frac{Wa}{L} = \frac{qN_D\mu Wa}{L} \quad (6.9)$$

則汲極電流可寫為

$$I_D = G_o\{V_{DS} - \frac{2}{3V_p^{1/2}}[(V_{bi}+V_{DS}-V_{GS})^{3/2}-(V_{bi}-V_{GS})^{3/2}]\} \quad (6.10)$$

當 V_{DS} 很小時，即 $V_{DS} \ll V_{bi}-V_{GS}$，則 FET 處於線性區

$$(V_{bi} + V_{DS} - V_{GS})^{\frac{2}{3}} \approx (V_{bi} - V_{GS})^{\frac{3}{2}}\left(1 + \frac{3}{2}\frac{V_{DS}}{V_{bi} - V_{GS}} + \frac{3}{8}\frac{V_{DS}^2}{(V_{bi} - V_{GS})^2}\right) \quad (6.11)$$

$$I_D = G_o V_{DS}\left\{1 - \sqrt{\frac{V_{bi} - V_{GS}}{V_p}}\right\} - \frac{G_o}{4}\frac{V_{DS}^2}{\sqrt{V_p(V_{bi} - V_{GS})}} \approx G_o V_{DS}\left(1 - \frac{h(0)}{a}\right) \quad (6.12)$$

其中

$$h(0) = \sqrt{\frac{2\,\epsilon_s}{qN_D}(V_{bi} - V_{GS})} \quad\quad\quad (6.13)$$

為在 x=0 處空乏區之寬度。I_D 與 V_{DS} 為線性關係,此時可定義一重要元件參數為線性區通道電導 (channel conductance) g_D

$$g_D = \frac{\partial I_D}{\partial V_{DS}} = G_o\left\{1 - \sqrt{\frac{V_{bi} - V_{GS}}{V_p}}\right\} = G_o\left(1 - \frac{h(0)}{a}\right) \quad\quad (6.14)$$

當通道在 x=L 處被截止時 b(L)=0,$V_{DS} = V_{Dsat} = V_p - (V_{bi} - V_{GS})$,前面之公式就不正確了。此時,因為對電子而言沿 x 方向沒有任何位障存在,電流當然繼續流動。但由於在 x 方向上出現了載體極度缺少之夾止區域 n(x,y)<< N_D,故要保持 I_D 之流動,在夾止區的橫向電場 $\mathcal{E}_x = -\frac{\partial V}{\partial x}$ 必須很大。也就是說當通道被夾止後,汲極所再加之電壓幾乎完全落在夾止區,以保持電流暢通。當然 V_D 增加,I_D 仍有稍微增加之趨勢,這是因為飽和電壓 V_{Dsat} 所在位置 L' 會向 x<L 處移動之故。若 L' 不隨 V_D 之增加而移動,則 I_D $\propto 1/L'$ 也不會增加,但是由 x=0 到 L' 內的電場會隨 V_D 增加而變大,欲保持 I_D 為定值實不可能。

一般來說,在 $V_D \geq V_{Dsat}$ 後,電流也趨向飽合 I_{sat}

$$I_D = I_{sat} = \frac{qN_D\mu Wa}{L}\frac{V_p}{3}\left[1 - 3\left(\frac{V_{bi} - V_{GS}}{V_p}\right) + 2\left(\frac{V_{bi} - V_{GS}}{V_p}\right)^{\frac{2}{3}}\right]$$

$$= I_P\left[1 - 3\left(\frac{V_{bi} - V_{GS}}{V_p}\right) + 2\left(\frac{V_{bi} - V_{GS}}{V_p}\right)^{\frac{3}{2}}\right] \quad\quad (6.15)$$

其中 I_P 可寫成

$$I_P = \frac{q^2 N_D{}^2 \mu W a^3}{6 \in_S L} \tag{6.16}$$

為夾止電流。故一個 n 通道 FET 之 I-V 特性 如圖 6.2 所示， V_D 很小時為線性關係，逐漸變為二次式以致於飽合。電流飽合後可定義一重要的元件參數，轉移電導（transconductance) g_m

$$g_m = \frac{\partial I_D}{\partial V_{GS}}\Big|_{V_{DS} \ 固定} = \begin{cases} \dfrac{G_o}{\sqrt{V_p}}[(V_{bi} + V_{DS} - V_{GS})^{\frac{1}{2}} - (V_{bi} - V_{GS})^{\frac{1}{2}}], V_D \leq V_{Dsat} \\[3mm] G_o[1 - \sqrt{\dfrac{V_{bi} - V_{GS}}{V_p}}] \ \ (= g_D) \quad , \qquad V_D \geq V_{Dsat} \end{cases}$$

$$\tag{6.17}$$

由 V_{Dsat} 公式，我們發現當 $V_{bi} - V_{GS} = V_p$ 時可得 V_{Dsat}=0。也就是不論 V_D 為何，只要 $V_{GS} = V_{bi} - V_p$ 時整個通道被夾止。而當 $V_{GS} < V_{bi} - V_p$ 時，上面公式均不成立。因此我們可定義一 FET 之臨界電壓 (threshold voltage) V_T

$$V_T = V_{bi} - V_p \tag{6.18}$$

只當 V_{GS} 大於 V_T 時，場效電晶體才能工作，否則電晶體處於截止區 (cut off)。在截止區內仍有次臨界電流流動。而當閘極電壓 V_{GS} 位於 V_T 附近時，

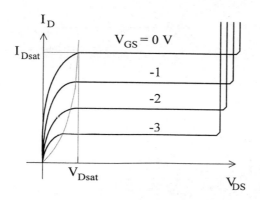

圖 6.2 n 通道 FET 的特性

$$(V_{GS} - V_T) / V_p \ll 1$$

I_{Dsat} 可經由 Taylor's 級數展開而簡化

$$I_{Dsat} = I_P \left[1 - 3\left(1 - \frac{V_{GS} - V_T}{V_p}\right) + 2\left(1 - \frac{V_{GS} - V_T}{V_p}\right)^{3/2} \right]$$

$$\approx \frac{3}{4} I_P \left(\frac{V_{GS} - V_T}{V_p}\right)^2$$

$$= \frac{\mu W \in_S}{2aL}(V_{GS} - V_T)^2 \tag{6.19}$$

由 $V_{Dsat} = V_p - (V_{bi} - V_{GS}) = V_{GS} - V_T$ 得

$$I_{Dsat} = \frac{\mu W \in_s}{2aL} V_{Dsat}^2 \tag{6.20}$$

$$g_m = \frac{G_o(V_{GS} - V_T)}{2V_p} = \frac{\mu W \in_S}{aL}(V_{GS} - V_T) \tag{6.21}$$

I_{Dsat} 與 V_{Dsat} 之關係如圖 6.2 虛線所示。

〔問題一〕實驗上如何量 V_T？

〔問題二〕在線性區內，如果 $V_{GS} - V_T \ll V_P$ ，試證明

$$I_D = \frac{\mu W \in_S}{2aL} \left[2(V_{GS} - V_T)V_{DS} - V_{DS}^2 \right]$$

假設 pn 接面之崩潰電壓為 V_B ，則 汲極 附近之 pn 接面所承受逆向電壓 V_{DS}-V_{GS} 會最大而最早崩潰，此時

$$V_{DS}(崩潰) - V_{GS} = V_B \tag{6.22}$$

故閘極電壓 V_{GS} 愈負，崩潰電壓 V_{DS} 愈小，如圖 6.2 所示。

對正常為閉路 (normally-OFF) 或又稱為增強型 (enhancement-mode) FET 而言，夾止電壓 $V_p < V_{bi}$ ，故導致電晶體正常工作的閘極臨界電壓 V_T

（$V_{bi} - V_p$）為正值。但當閘極電壓正得太大 $V_{GS} > 0.6V$ 時，則閘極之矽 pn 接面被正向偏壓所打開，FET 不能正常工作。故閘極所能容許的電壓振幅 (swing) 很小，也就是 $V_T < V_{GS} < 0.6$，容忍雜訊 (noise imunity)的能力很差。

6.2　短通道(Short channel)效應

當通道之長度 L 很短或長度與厚度 L/a 之比值很小，則 FET 之行為與前面所推導的公式就不一樣了。一方面是兩度空間效應變得比較明顯 ($\partial^2 V / \partial x^2 \sim \partial^2 V / \partial y^2$)，另一方面是通道內電場 (橫向) 很強，載體之速度 v 開始飽和，與電場的關係不再為線性。要如何來改進模型呢？

6.2.1　高電場速度飽和效應

圖 6.3 所示是 Si 及 GaAs 兩種材料的遷移速度對電場的關係，其中 Si 的電子遷移速度 v 可用下式來近似

$$v = \frac{\mu \mathcal{E}_x}{1 + \mu \mathcal{E}_x / v_s} \tag{6.23}$$

v_s 為電子飽和速度，對 Si 而言約為 10^7 cm/sec。μ 為低電場之移動率，亦即電場 $\mathcal{E}_x$ 很小時 $v = \mu \mathcal{E}_x$；$\mathcal{E}_x$ 很大時 $v \to v_s$。對 GaAs 而言，遷移速度在電場達到 $\mathcal{E}_P (\approx 3 \times 10^3$ V/cm) 時最大，約為 2×10^7 cm/sec，繼續加大電場後，由於 Γ 導電帶的電子被散射到 L 帶，有效質量變大，電子速度反而下降。

現只考慮矽 FET 通道內的中性區，則根據 (6.7) 式，將其中的 $\mu dV/dx$ 用 (6.23) 式來取代，電流 I_D 可寫為

$$I_D = qN_D \frac{\mu \mathcal{E}_x}{1 + \mu \mathcal{E}_x / v_s} (a-h)W \tag{6.24}$$

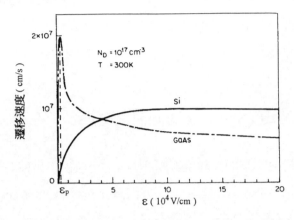

圖 6.3　Si 及 GaAs的遷移速度對電場的關係。(錄自：P. Smith, M. Inoue, and J. Frey, Appl. Phys. Lett., 37, 797，1980)

由於 $\varepsilon_x = |dV/dx|$，上式可改寫成

$$I_D = [qN_DW(a-h) - \frac{I_D}{v_s}]\mu\frac{dV}{dx} \tag{6.25}$$

因 I_D 是定值，故從 x=0 積分到 L 可解 I_D 得

$$I_D = \frac{G_o}{1 + \frac{\mu V_{DS}}{v_s L}} \{V_{DS} - \frac{2}{3\sqrt{V_p}}[(V_{bi}+V_{DS}-V_{GS})^{3/2} - (V_{bi}-V_{GS})^{3/2}]\} \tag{6.26}$$

與前不同之處是分母多除了 $(1+\mu V_{DS}/v_s L)$ 一項，V_{DS}/L 可看成是橫向電場 ε_x 之平均值。此時可定義一臨界電場 $\varepsilon_c = v_s/\mu$，故當實際電場 ε_x 大於 ε_c 時，(6.26) 式分母大於 2 會造成轉移電導 (transconductance) 之下降，FET 之表現變差。

6.2.2　兩度空間 (2D) 效應

當通道變得很短，汲極電壓加得很高，2D 效應出現，此時我們必須用兩度空間之數值分析。其定性之描述可用下面一連串之圖形來說明。這裡用到最重要的公式為

$$I_D = qn(x,y)v(x)b(x)W \qquad (6.27)$$

現用兩個例子來說明通道內電場及電荷分佈隨電壓改變的情形。

1. 矽場效電晶體

如圖 6.4(a) 所示，在沒有閘極的狀態下，當電場 ε 達到臨界電場 ε_c 時，速度 v 不再增加，由 (6.27) 式知電流 I_D 開始飽和。如圖 6.4(b)所示，在有閘極但 $V_{GS}=0$ 的狀態下，通道比沒有閘極時要窄一些。在所加電壓 V_{DS} 很小，且電場 $\varepsilon < \varepsilon_c$ 時，其行為與前推導一樣，I_D 隨 V_D 而增加。在通道內每一點電子濃度 n(x) 約等於攙雜濃度 N_D，$n(x)= N_D$。由於通道 b 隨x增加而逐漸變窄，$\varepsilon(x)$ 必須隨 x 而逐漸增加，以保持電流 I_D 為常數。如圖 6.4(c) 所示，當通道靠近 $x=x_1$ 處之電場 $\varepsilon_x = \varepsilon_c$ 時，I_D 開始飽和，此時通道在 x_1 處的寬度為 b_o，汲極電壓為 V_{Dsat}。

當 $V_D > V_{Dsat}$，如圖 6.4(d) 所示，空乏區繼續擴張，電場 $\varepsilon_x = \varepsilon_c$ 之位置 x_1 向源極移動，此時 x_0 到 x_1 之距離縮小，但電場上下限 (0 到 ε_c) 與前幾乎一樣，故電位降 (電場之積分) 減少，在 x_1 之通道寬度 $b(x_1)$ 略大於 b_0，故可容納較大之電子流 $I_D=qN_Dv_Sb(x_1)W$，造成 I_D 對 V_D 之關係在飽和區也有一正斜率。為了更詳細分析電荷與電場之分佈，我們用放大的圖 6.5 來說明。如圖 6.5 (a) 所示，從 x_1 到最窄處 x_2，電場 $\varepsilon>\varepsilon_c$ 故電子速度為常數 v_s。由 $I_D=qN_Dv_Sb(x_1)W$ 的公式中，由於 $b(x) < b(x_1)$ 故為保持 I_D 為常數，電子濃度 n(x) 必須大於 N_D，即有負電荷累積造成空間電荷。在 $x>x_2$，通道寬度開始增加，照理說電場應該開始下降，但此時負空間電荷所累積的電場很大，故電場繼續上升直到最高點 x_3，如圖 6.5(b) 所示。在這段區間空間電場由於仍是負電荷故一直增加但外加電場由於通道變寬一直減少，故互相平衡產生一最高點。在 $x=x_4$ 處 $b(x_4) = b(x_1)$，此時電場之解為

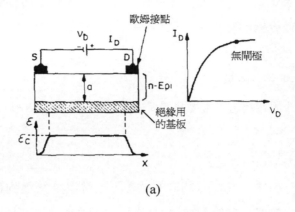

(a)

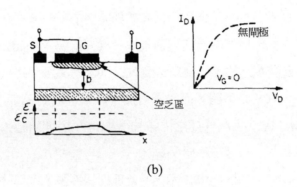

(b)

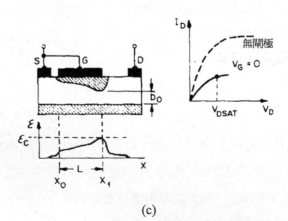

(c)

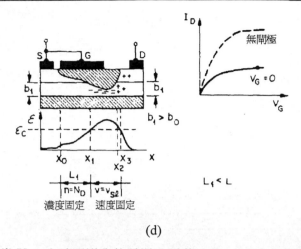

(d)

圖 6.4 FET 當 $V_{GS}=0$ 時通道內的電場及電荷分佈，(a) 在無閘極狀態下，(b)

在有閘極但 V_{DS} 很小的狀態下，(c) 在有閘極且 I_D 開始趨向飽和，

(d) 在有閘極且 $V_{DS} > V_{Dsat}$ 。（錄自：C. A. Liechti, IEEE trans.

Microwave Theory Tech., MTT-24, 279, 1976)

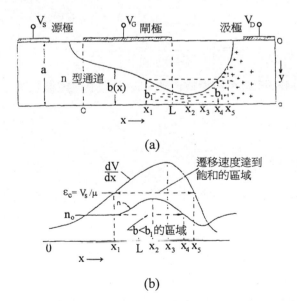

圖 6.5 圖 6.5(d) 的詳細分佈圖，(a) FET 通道內的空乏區及電荷分佈，(b)

電場分佈。（錄自：K. Lehovec and R. Miller, IEEE Trans. Electron

Devices, ED-22, 273, 1975)

$\varepsilon > \varepsilon_c$, $n(x) = N_D$ ，故 $I_D(x_4) = qN_D b(x_4) v_S W = I_D(x_1)$ 。當 $x > x_4$ ，出現正電荷累積之空乏區，與 $x \leq x_4$ 之負電荷形成電偶層。在 $x = x_5$ 時， $\varepsilon = \varepsilon_c$ 且 $I_D(x_5) = qn(x)b(x_5)v_S W$ ，由於 $b(x_5) > b(x_4) = b(x_1)$ ，故 $n(x) < N_D$ 仍爲空乏區直到接近汲極歐姆接點恢復爲中性區爲止。

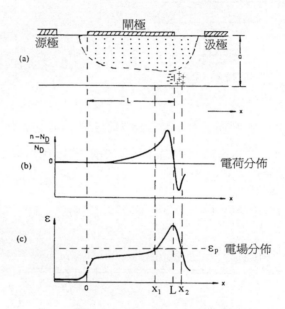

圖 6.6　GaAs MESFET 在汲極電流飽和時的通道內電場及電子濃度分佈情形。

2.砷化鎵 (GaAs)

　　如圖 6.3 中所示的 GaAs 電子速度對電場之關係圖，是電子達成穩定狀態時之行爲。但在短通道 FET ，電子在飛越通道遭受散射而達到穩定狀態前已射入汲極，故可產生速度超越 (velocity overshoot) 現象。若不考慮此現象，則在 I_D 趨近飽和時，內部電場分佈及空間電荷之分佈會如圖 6.6 所示。閘極下最接近汲極處通道通常最窄，電場最高，對 GaAs 而言，在 $x_1 \leq x \leq x_2$ 處電場 $\varepsilon > \varepsilon_p$ ，電子速度反而降低，故 $I_D = qn(x)v(x)b(x)W$ 爲保持常數，$n(x)$ 必須累積很大，遠超過施體濃度 N_D 。其分析類似前節矽場效電

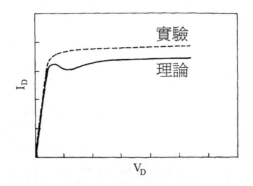

圖 6.7 GaAs MESFET 之 I-V 特性模擬結果示意圖。

晶體的情形。由於遷移速度對電場之關係會產生轉折下降的負電阻效應,因此在利用 2D 計算出來短通道 (0.5 μm) GaAs MESFET 的 I_D 對 V_{DS} 曲線有時會如圖 6.7 所示有一明顯負電阻效應發生,但是實驗上很少在短通道 MESFET 看到負電阻效應,很可能是產生了速度超越現象之故。在長通道 MESFET 上偶然實驗上也會看到負電阻效應,但多半是由於電流大時所產生的熱效應導致元件參數變差的緣故。

6.3 FET 元件閘極的製作

圖 6.8 所示為 GaAs MESFET 閘極的結構,閘極金屬墊 (pad) 通常做在高電阻的基板上,故磊晶層必須蝕刻到基板,而閘極金屬條必須爬坡,由基板沿磊晶層斷面爬上表面。一般微波 FET 及功率 FET 之上視圖如圖 6.9 所示,圖 (a) 為互相交叉 (interdigit) 形狀,通道串聯電阻較小適用做高功率 FET ,圖 (b) 及 (c) 分別為 T 型及 π 型結構,適用做低雜訊 FET。

在做閘極金屬之前,通常通道表面要先蝕刻掉 800~2500 $\overset{\text{o}}{\text{A}}$,如圖 6.10 所示。主要目的是避免在閘極加以順向偏壓時,閘極下之空乏區寬度縮到比閘源極之間表面空乏區更小時,就完全不能控制電流了,FET 表現變差。尤

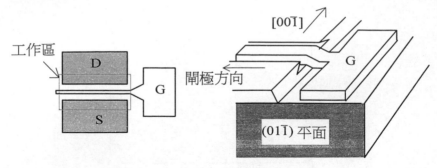

圖 6.8　閘極的結構。

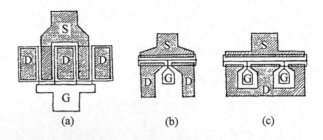

圖 6.9　MESFET 的上視圖。(a)互相交叉(interdigit) 的形式，(b) T 型，(c) π
型。

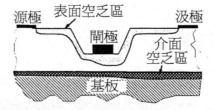

圖 6.10　閘極必須做在凹陷表面的原因。(錄自：C. M. Snowden and R. R.
　　　　Pantoja, IEEE Transactions on Microwave Theory and Techniques, 40,
　　　　1401, 1992)

其是用做功率 FET，閘極電壓需要加到正的大電壓時 (仍小於蕭基二極體之
打開電壓)，問題更嚴重。為解決此問題而有閘極凹陷 (recessed gate) 之結

構，蝕刻之深度必須控制到與表面空乏區差不多之深度，太淺，前面所談到之問題仍存在，太深，則汲閘極崩潰電壓會降低，降低 FET 輸出功率。閘極凹陷的另外一個好處是通道厚度固定時，兩邊之通道厚度可以較大，可降低源極及汲極電阻。其缺點則是閘汲極之回饋電容 C_{gd} 增加因而降低增益，C_{gd} 增加之原因可能是空乏區向汲極邊擴張之緣故。

實驗上，閘極凹陷的深度要如何控制呢？通常是一邊蝕刻一面測量汲源極飽和電流 I_{DSS}，直到 I_{DSS} 達到預定值為止。閘極方向的選擇也很重要，如圖 6.8 所示，若以閘極金屬延伸的方向定義為閘極方向，當閘極之方向改變時，蝕刻出之凹陷形狀也有不同。如圖 6.11 所示，如沿 GaAs 基板 [011] 方向，蝕刻出來的形狀類似 U 型，若沿 [01$\bar{1}$] 方向則類似 V 型，若用 HF 系列之蝕刻溶液則形成等向性的半圓型。一般而言愈平緩之形狀崩潰電壓愈高，但實際上考慮閘極與金屬墊聯線之情形時，則不一定選擇平緩之結構。

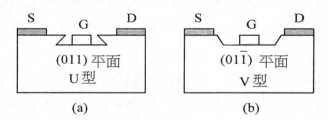

圖 6.11　閘極的方向決定了蝕刻的形狀。(a) 閘極沿 [011] 方向，(b) 閘極沿 [01$\bar{1}$] 方向。

圖 6.8 所顯示之 FET 結構，如果閘極是沿 [01$\bar{1}$] 方向延伸而非如圖是沿 [011] 方向，則閘極本身若在 V 型槽內，但要拉出聯到基板上的金屬墊時，聯線必須跨過 U 型斷面，幾乎不可能做到。故此時必須選 [011] 方向為閘極伸長方向，則聯線可以通過 V 型之平緩斜坡，不易斷裂。另外在製造數位 (digital) GaAs IC 時，由於電晶體只操作在 0 與 1 兩種電壓，因此也不會有問題。此時不用閘極凹陷結構，不論是 T 或 π 型 FET 都可選 [01$\bar{1}$] 方向，不會有任何問題。

6.4　GaAs IC

6.4.1　為何要發展 GaAs IC

發展 GaAs IC 主要原因是 GaAs 有 Si 所不能做到的一些優點，比如 GaAs 有較高的速度，其電子遷移率較高，且有半絕緣體之基板；GaAs 有較大的帶溝，可以承受較高的溫度變化。有較大的帶溝。由於有上面之優點，故可應用到需要高速元件之領域，如高速計算機 (super computer)、高速通訊網路、高速電子儀表及軍事用途。

6.4.2　GaAs IC 發展過程

1970 年，第一個蕭基閘極 GaAs MESFET 微波元件研製成功，基本上是將一層很薄的磊晶層長到半絕緣體的基板上而形成。1971 年開始用同樣之元件結構來做數位 IC，這種用 1 μm 長的閘極所做成的空乏型 D-MESFET，它的 交換速度小於 100 ps，消耗功率在 40mW 左右。但問題是元件均勻度很差。1973年也開始嚐試做增強型 E-MESFET，用同樣之結構，但用 Zn 擴散之 P+ 區做閘極，以提高內建電位增加操作電壓的幅度，但是速度卻因電容增加而慢下來。1976年由於 GaAs 離子佈植技術的發展(佈植 S 或 Se 到半絕緣 GaAs 基板內)，使得電路均勻度大為改善，從此奠定它成為主流技術之地位。

6.4.3　GaAs IC 之基本電路結構

最早做為 IC 電路之基本結構是緩衝 FET 邏輯 (Buffered FET logic (BFL))。1974年 HP 公司即用 D-MESFET 為基礎做成了BFL NAND 閘。圖 6.12 所示是部份 IC 電路的橫截面圖；圖 6.13 是 NAND 閘的電路設計圖。

此型電路的優點是：有較好之驅動 (fan-out) 能力，而且電壓工作區間較大，雜訊免疫力好，均勻度的問題較不嚴重。但也有缺點就是要所佔面積大，而且兩個電源所佔面積大消耗功率大。

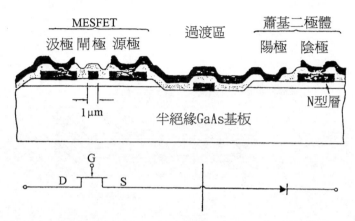

圖 6.12　BFL IC 電路的橫截面圖，其中顯示了MESFET、蕭基二極體及中間的過渡區。(摘自：R. L. van Tuyl, et. al., IEEE J. Solid State Circuit, SC-12, No. 5, 485, 1977)

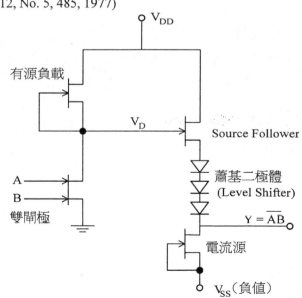

圖 6.13　BFL NAND 閘的電路設計圖。(摘自：同圖 6.12)

　　1978 年 Rockwell 發展出蕭基二極體 FET 邏輯 (Schottky-Diode FET Logic (SDFL))。圖 6.14 所示是該 IC 電路的結構圖，而圖 6.15 是 NOR 閘電路的設計圖。與前述 BFL 比較可知此型電路比 BFL 用較少之功率，由於蕭基二極體所需用之面積比 FET 小，故整個電路也比 BFL 用較少之面積，但是其驅動 (fan-out) 能力較差。

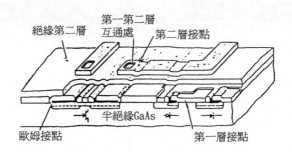

圖 6.14　SDFL IC 的結構圖。(摘自：R. C. Eden and B. M. Welch, IEEE J. Solid State Circuits, SC-13, No. 4, 419, 1978)

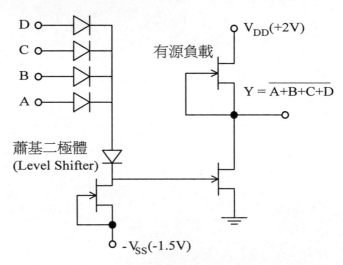

圖 6.15　SDFL NOR 閘的電路設計。(摘自：同圖 6.14)

1977年以後另一種直接耦合邏輯 (Direct–Coupled Logic (DCL)) 開始發展（請看圖 6.16），用 E-MESFET，由於 E-MESFET 需較薄的通道，且工作範圍之電壓很小 $0.1 < V_G \leq 0.6$ 伏，因此良率是一問題。其優點為只需要一個電源，而且面積小，功率低，密度大，適於 VLSI 電路所需。其缺點為雜訊免疫力差，而且通道厚度雜質濃度必須控制很準。另外由於通道薄，源汲極電阻較大，必須用自我對準 (self-aligned) 之製程。

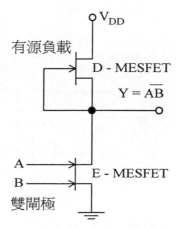

圖 6.16 DCL NAND 閘的電路設計圖。

6.5 MESFET 微波元件之等效電路

圖 6.17 顯示的是 MESFET 元件的橫截面圖及等效電路。其中源極 R_S 及汲極電阻 R_D 之存在，使前面所導 I-V 公式中所有之閘極電壓 V_{GS} 必須用 $V_{GS} - I_D R_S$，汲極電壓 V_{DS} 必須用 $V_{DS} - I_D(R_S + R_D)$ 來取代，故在線性區內汲極電流 I_D 可寫為

$$I_D = G_o[V_{DS} - I_D(R_S + R_D)](1 - \sqrt{\frac{V_{bi} - V_{GS} + I_D R_S}{V_p}})$$

$$\approx g_{D0}[V_{DS} - I_D(R_S + R_D)] \tag{6.28}$$

因此，通道電導 (channel conductance) g_D 會下降

$$g_D = \frac{\partial I_D}{\partial V_{DS}} = \frac{g_{D0}}{1 + g_{D0}(R_S + R_D)} \tag{6.29}$$

而在飽合區內

$$I_D = I_{Dsat}$$

$$= G_o\left[\frac{V_p}{3} - (V_{Di} - V_{GS} + I_D R_S) + \frac{2}{3\sqrt{V_p}}(V_{Di} - V_{GS} + I_D R_S)^{3/2}\right] \tag{6.30}$$

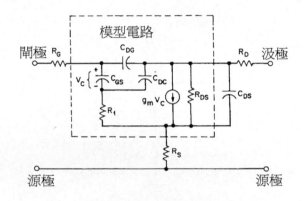

(a)

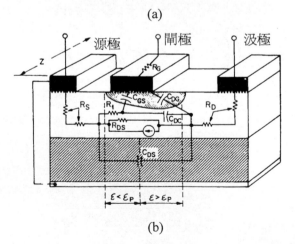

(b)

圖 6.17　(a) MESFET 的等效電路，(b) 各電路元件的物理來源。（摘自：同
圖 6.4）

因此，

$$g_m = \frac{\partial I_D}{\partial V_{GS}} = G_o[1 - g_m R_S + \sqrt{\frac{V_{bi} - V_{GS} + I_D R_S}{V_p}} \ (-1 + g_m R_S)] \quad (6.31)$$

最後可得

$$g_m = \frac{g_{mo}}{1 + R_s g_{mo}} \ ; \ g_{m0} = G_0(1 - \sqrt{\frac{V_{bi} - V_{GS}}{V_p}} \ ) \quad (6.32)$$

只與源極電阻有關。集極電阻 R_D 影響汲極飽合電壓 V_{Dsat} 之大小，一旦所加電壓 V $> V_{Dsat}$ 則 R_D 不再出現。

MESFET 在高頻的響應是受到串聯電阻 R 及各種電容之影響，通常用兩個參數來描述其在高頻率之特性。第一個是截止頻率 (cutoff freq.) f_T 定義為流經 C_{gs} 之電流 ΔI_g 等於輸出電流 ΔI_D 時的頻率，也就是電流增益為 1 時之工作頻率。

$$\Delta I_D = g_{mo} \Delta V_g' = g_{mo} \frac{\Delta I_g}{2\pi f_T C_{GS}} \qquad (\Delta I_D = \Delta I_g) \quad (6.33)$$

$$f_T = \frac{g_{mo}}{2\pi C_{GS}} \quad (6.34)$$

第二個是最大振盪頻率 (maximum oscillation freq.) f_{max} 為功率增益等於1時之頻率

$$f_{max} = \frac{f_T}{2\sqrt{r_1 + f_T \tau_3}} \quad (6.35)$$

其中的

$$r_1 = \frac{R_G + R_1 + R_s}{R_{DS}} \ , \ \tau_3 = 2\pi R_G C_{DG} \quad (6.36)$$

6.6　後極加壓 (Back-gating) 效應

　　當離子佈植之 MESFET 用在 GaAs IC 電路中時，其電流電壓特性會受到鄰近 FET 所加負電壓之影響，這效應叫後極加壓 (backgating) 效應。如圖 6.18 (a)所示，左邊之 FET 加以 V_{DS} 之汲源極電壓導致 I_{DSS} 之電流通過，9 μm 遠處有另一 FET 之源極加以負電壓 V_{BG} 有 I_S 之電流流過。如圖 6.18 (b) 所示，當 $|V_{BG}|$ 大於 2 伏時，I_S 突然增加 500 倍以上，而 I_{DSS} 突然減小一半以上，這個現象即稱為後極加壓效應。

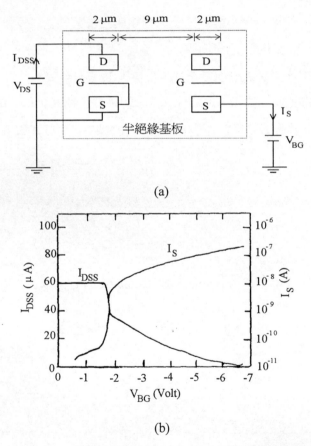

(a)

(b)

圖 6.18　(a) IC 電路中相鄰近的 MESFET佈置圖，(b) 後極加壓 (back-gating) 效應。(錄自：C. P. Lee and M. F. Chang, IEEE Electron Letters, EDL-6, 169, 1985)

相鄰 FET 電流 I_S 突然增加的現象通常與空間電荷局限電流 (space-charge limited current) 有關。所謂空間電荷局限電流是當一個半導體或絕緣體兩端加以電壓時，會有額外之電子由電極注入材料內部形成空間電荷，其所傳導之電流叫"空間電荷局限電流"。在一般 n 型半導體中原本就有很多電子，加以電場後背景電流很大，故空間電荷局限電流一般不顯著。但在絕緣體內載體很少，則此電流有機會顯現出來。假如絕緣體內又有陷阱 (trap) 存在時，則空間電荷局限電流會在注入電子把全部陷阱完全填滿時，突然急速增加，這時之電壓叫填滿陷阱局限電壓 (trap-fill-limited voltage)。

由實驗發現，此種空間電荷局限電流是沿基板表面而行，因為將表面蝕刻後可以大幅減少此電流。而 GaAs 半絕緣基板之表面在離子佈植後之高溫退火時會發生熱轉換之現象，即深處施體陷阱會向外擴散，造成表面附近之陷阱濃度小於背景碳雜質 (為受體，濃度約 $5 \times 10^{15}/cm^3$)，而變成 p 型區形成 npn 橫向電晶體。但橫向兩相鄰 MESFET 源極所形成之 n^+pn^+ 電晶體要被擊穿 (punch through) 則需要很高電壓而不是如實驗所觀測到的 0.55 V，故 I_S 電流增加，實際上是在 p 型通道中產生了空間電荷局限電流。當此電流增加時左邊之 FET 開始感受到右邊負電壓之影響，通道被逆向偏壓縮小，I_{DSS} 下降。

通常所用的解決方法係用氫離子佈植法，增加表面之缺陷密度，提高空間電荷局限電流產生之電壓。另外可在兩極之間增加一遮蔽電極，例如利用蕭基位障或 P^+ 離子佈植，以隔斷表面可能產生之漏電流。

6.7　調變摻雜場效電晶體(MOdulation-Doped FET, MODFET) 或高電子移動率電晶體(High-Electron Mobility Transistor, HEMT)

　　GaAs MESFET 之速度已經比同樣幾何結構之 Si FET 要快，但還沒有發揮其全部實力，主要原因如下：FET 之速度主要受電子傳導速度及交換速度之限制。電子傳導速度主要由電子之移動率 (mobility) 及飽合速度 v_s 所決定，而交換速度受可通電流之大小 (或 轉移電導 g_m) 所限制。要增大電流驅動能力一個方法是增加雜質之濃度 N_D，這是因為電子濃度增加要保持同樣之臨界電壓 V_T

$$V_T = V_{bi} - V_p = V_{bi} - \frac{qN_D}{2 \in_s} a^2 \qquad\qquad (6.37)$$

則通道寬度 a 必須下降，因為 $a\sqrt{N_D}$ ＝常數。而在同樣之平面幾何結構下，汲極電流 I_D 為

$$I_D = \frac{\mu W \in_s}{2aL} (V_{GS} - V_T)^2 \qquad (電子速度未達飽合)$$

$$\approx \frac{v_s W \in_s}{2a} (V_{GS} - V_T)^2 \qquad (電子速度已達飽合) \qquad (6.38)$$

在同樣之閘極電壓 V_{GS} 下電流可以提高。但是摻雜 N_D 增加之缺點是移動率及飽合速度下降，例如很純之 GaAs 在 300 K 時，尖峰速度 v_p ＝2.1×10^7 cm/sec，但當 $N_D = 1 \times 10^{17}/cm^3$ 時，v_p 降到 1×10^7 cm/sec，故未充分利用到 GaAs 之高移動率特性。

　　解決此問題的方法是在提高通道內電子濃度之同時也不減少其移動率。電子移動率主要受兩種散射機構所決定，在室溫時受晶格振動之散射，在低溫受游離雜質之散射所定。如圖 6.19 所示當攙雜超過 $5 \times 10^{16}/cm^3$，即使在室溫，游離雜質之散射也是很嚴重，因此降低這種散射機構的方法是利用調變摻雜 (modulation-dope) 之觀念如圖 6.20 所示，把載體和雜質在空間之位置分開。例如，將 (N)$Al_x Ga_{1-x}$As 攙以雜質，GaAs 不攙雜 ($\approx 10^{14}/cm^3$，p 型也可以)，由於有導電帶不連續 ΔE_c 之存在，故 (N)$Al_x Ga_{1-x}$As 中之電子會傾倒入 GaAs 中，並在介面形成兩度空間電子海 (2-dimensional election gas

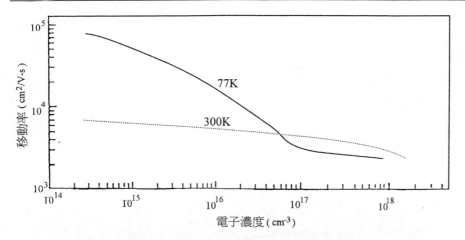

圖 6.19 GaAs 的移動率在 77 及 300K 溫度下對電子濃度的變化關係。

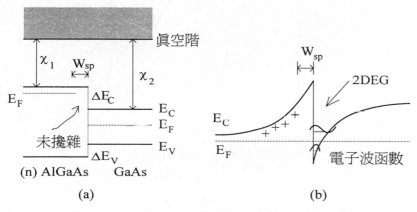

圖 6.20 MODFET (a) 未達熱平衡之前；(b) 在導電帶上形成 2DEG。

簡稱 2DEG)，能階量化。由於 2DEG 與其母體雜質在空間分離，故移動率顯著升高。實驗顯示若在 (N)$Al_xGa_{1-x}As$ 與 GaAs 介面再加一薄層不擾雜之 $Al_xGa_{1-x}As$，則轉移到 2DEG 之電子波函數更看不到游離的雜質，移動率可更加提升。

　　圖 6.21 顯示 2DEG 電子移動率 μ 與溫度之關係，其中的變數即為中間隔離層 (space layer) $Al_xGa_{1-x}As$ 之厚度 W_{sp}。移動率 μ 之變化與一般單一材

料有很顯著之不同，即到低溫時 μ 不但不會下降反而愈來愈高，而當隔離層愈厚，低溫之移動率 μ 愈高。當 W_{sp} 大到30 nm 以上時，則相差不是很多。低溫時，移動率趨向平緩，但不下降也不上升表示此時移動率可能由介面之粗糙程度所決定。

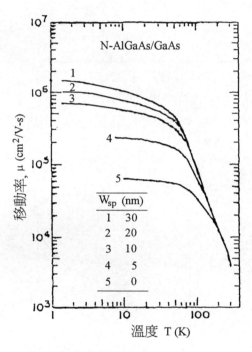

圖 6.21　GaAs 的移動率對溫度變化的關係，其中的 Wsp 是未摻雜質隔離層的厚度。(摘自：S. Hiyamizu, J. Saito, J. Nanbu, and T. Ishikawa, Jpn. J. Appl. Phys., 2, L609, 1983)

6.7.1　隔離層厚度對 FET 元件之影響

　　一個 MODFET 之結構如圖 6.22 所示，均有隔離層存在。元件發展最初受到圖 6.21 之影響，認為隔離層愈厚愈好，因為移動率 μ 愈大，則 FET 之

轉移電導 g_m 應該愈好。但事實上由於移動率太高之故，只要加很小的電場，電子就達到尖峰速度 v_p 而進入飽合區，此時移動率 μ 再高也用處不大，只是稍微減少源極電阻 R_s 之值。

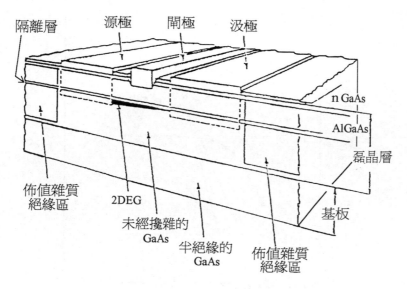

圖 6.22　MODFET 的結構。

　　隔離層變厚的一個缺點是 2DEG 所含之電子濃度下降如圖 6.23 所示。當閘極電壓爲正，金屬半導體之蕭基接面空乏區離開 (N)$Al_xGa_{1-x}As$–GaAs 異質接面區，閘極電壓不再能影響 2DEG 時，其電子濃度變成一常數 n_s 但隨隔離層之厚度而降低。其原理很簡單，因爲 (N)$Al_xGa_{1-x}As$–GaAs 之內建位能 V_{bi} 與隔離層厚度無關，而隔離層之加入會分去一部份位降，故落在 GaAs 上之位降會減小，2DEG 之濃度也隨著減少。

　　由前面分析知電子濃度減少對 FET 之交換速度不利，而電子速度一達到 v_p 也不能再增加，故增加隔離層厚度對 FET 並不好，故現在一般隔離層

厚度已降回 20~40Å 。不把它降爲零之原因爲移動率之改善對降低源極電阻
R_S 有幫助。

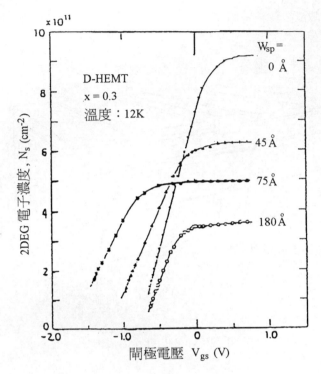

圖 6.23　GaAs 的電子濃度對隔離層厚度及閘極電壓的變化關係。(摘自：K. Hirakawa, H. Sakaki, and J. Yoshino, Appl. Phys. Lett., 45, 253, 1984)

6.7.2　$Al_xGa_{1-x}As$ 中 AlAs 成份之選擇

　　早期 x 之選擇在 0.3 到 0.4 間，x 值愈大能轉移到 2DEG 之電子數目愈多，對 FET 之交換特性應愈好。但對 Al_xGaAs 材料在 AlAs 之摩爾分數 x≥0.2 以後如第一章所敘述，施體均形成 DX 中心具有永恒光導電度 (persistent photoconductivity) 的特性，故一降到 77K，若有任何光照到

FET，即使關掉光源以後，在 $Al_xGa_{1-x}As$ 所產生之電子均留在導電帶上無法消失，導致 FET 特性變差，故 x 值均降到 0.2 附近。當導電層改用 InGaAs，則由於電子飽合速度更高，MODFET 的工作頻率更可增加，f_{max} 可達 350 GHz 以上。

6.7.3　(P)MODFET 與 CMODFET (Complementary—MODFET)

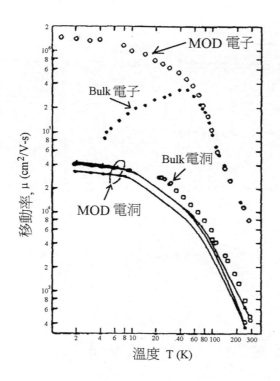

圖 6.24　p 型及 n 型 MODFET 電洞及電子的遷移率對溫度的變化關係(摘自：H. L. Stormer, A. C. Gossard, W. Wiegmann, R. Blondel, and K. Baldwin, Appl. Phys. Lett., 44, 139, 1984)

　　為了做互補式 MODFET (CMODFET)，也有人研究 p 型的 MODFET，即 (P) $Al_xGa_{1-x}As$-(p) GaAs 結構。最初的想法是，AlGaAs-GaAs 系統之價

電帶不連續 ΔE_v 相當小，可能很難形成兩度空間電洞海。但實驗上發現，p型結構元件到低溫時也會有移動率升高的現象如圖 6.24 所示，因此有人推論 AlGaAs/GaAs 之 ΔE_v 應相當高（$\Delta E_v = 0.35 \, \Delta E_g$），後來經實驗證實只要有載體之移轉現象，並不一定需要有 ΔE_v，均可產生移動率增加之現象。此元件結構及帶圖顯示於圖 6.25。

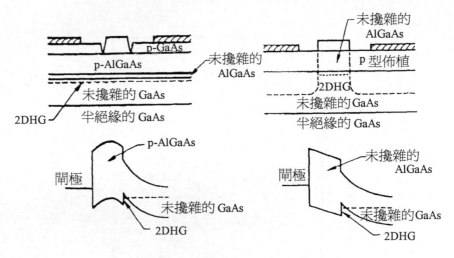

圖 6.25　p 型 MODFET 的結構及能帶圖。

6.7.4　MODFET 電位分佈與閘極電壓關係

要了解 MODFET 之 I–V 特性，首先必須了解 2DEG 與閘極所加電壓 V_G 之關係。圖 4.28 顯示這個系統的一些有趣特性，當左方之金屬-(N)$Al_xGa_{1-x}As$-(n)GaAs 蕭基二極體空乏區尚未接觸到右方 (N)$Al_xGa_{1-x}As$-(n)GaAs 異質接面時，兩接面各自獨立，可各自解 Poisson 方程式而得帶圖。但當兩接面之空乏區互相接觸產生交互作用以後，必須做自我一致

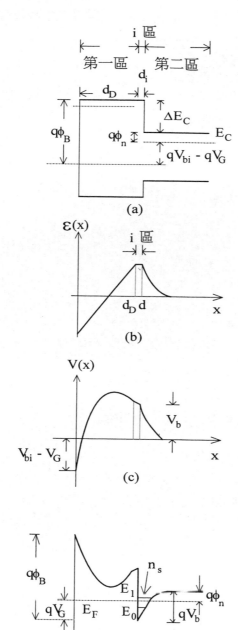

圖 6.26 能帶圖的計算，(a) 未達平衡前的能帶，(b) 電場與位置的關係，(c) 電位與位置的關係，(d) 平衡時的能帶。d_i 為未摻雜之隔離層厚度。

(self–consistent) 計算,最後之結果是當左方之空乏區侵入右方之空乏區以後 AlGaAs 與 GaAs 相對位置產生變動,2DEG 逐漸消失。

圖 6.26 顯示當左右兩接面產生交互作用以後,電場、電位及能帶隨位置的變化。以下我們由 Poisson 方程式來解 2DEG 電子密度 n_s 與閘極電壓 V_G 之關係。在第一區 $(0 \leq x \leq d_D)$ 我們有

$$\frac{dV_1(x)}{dx} = -\frac{q}{\epsilon_1} N_D x + A_1 \tag{6.39}$$

在 i 區 $(d_D \leq x \leq d)$ 則為

$$\frac{dV_i(x)}{dx} = A_2 \tag{6.40}$$

由高斯定律得

$$-\epsilon_1 \left.\frac{dV_i}{dx}\right|_{x=d} = qn_s \tag{6.41}$$

其中的 n_s 為 2DEG 的每單位面積之密度。因此,

$$A_2 = -\frac{qn_s}{\epsilon_1} \tag{6.42}$$

由 $x = d_D$ 的邊界條件 $dV_1/dx = dV_i/dx$ 可得

$$A_1 = \frac{qN_D}{\epsilon_1} d_D - \frac{qn_s}{\epsilon_1} \tag{6.43}$$

解 (6.46) 及 (6.47) 兩式得

$$V_1(x) = -\frac{qN_D}{2\epsilon_1} x^2 + \frac{qN_D}{\epsilon_1} d_D x + A_3 \tag{6.44}$$

$$V_i(x) = -\frac{qn_s}{\epsilon_1} x + A_4 \tag{6.45}$$

由 $x = 0$ 的邊界條件得

$$A_3 = -\left(V_{bi} - V_G\right) = V_G - \left(\phi_B - \frac{1}{q}\Delta E_C - \phi_n\right) \tag{6.46}$$

由 $V_1(d_D) = V_i(d_D)$ 得

$$A_4 = \frac{qN_D}{2\epsilon_1}d_D^2 + A_3 = V_G - \left(\phi_B - V_P - \frac{1}{q}\Delta E_C - \phi_n\right) \qquad (6.47)$$

其中的

$$V_P = \frac{qN_D}{2\epsilon_1}d_D^2 \qquad (6.48)$$

因 $V_i(d) \equiv V_P$ 為落在 GaAs 的電位降，亦即如圖 6.26(c) 所示

$$V_b = -\frac{qn_s}{\epsilon_1}d + A_4 \qquad (6.49)$$

代入可得

$$n_s = \frac{\epsilon_1}{qd}\left(V_G - V_{off}\right) \qquad (6.50)$$

其中的

$$V_{off} = \phi_B - V_P + \frac{1}{q}E_f - \frac{1}{q}\Delta E_C \qquad (6.51)$$

$$E_f = qV_b - q\phi_n \qquad (6.52)$$

ϕ_B 為蕭基能障高度，V_P 為 (N)AlGaAs 全部空乏時落於其上之靜電位能，ΔE_C 為導電帶不連續，d_i 為不摻雜 (N)Al$_x$Ga$_{1-x}$As 隔離層之厚度，$d = d_D + d_i$，E_f 為佛米能階超過量子井底之能量是 V_G 的函數，也可與 n_s 由 Poisson 方程式聯接起來。接下來，我們討論由 E_f 求 2DEG 電子濃度 n_s 之方法。

　　V_b 之大小決定了三角形量子井之深淺。沿 x 方向量化之能階 E_0，E_1 (圖 6.26(d))可由薛丁格方程式求解而得。而在 y 及 z 方向上，電子仍為自由電子。故能階密度為

$$D(E) = \frac{m^*}{\pi\hbar^2} \qquad (6.53)$$

與能量 E 無關。所以，n_s 可由下式計算求得

$$n_s = D[\int_{E_o}^{\infty} f(E)dE + \int_{E_1}^{\infty} f(E)dE] \tag{6.54}$$

其中的

$$f(E) = \frac{1}{1 + \exp(\frac{E - E_f}{kT})} \tag{6.55}$$

故正確計算 n_s 與 V_G 之關係必須用 (6.50), (6.54) 式及薛丁格方程式做自我一致之計算。

一般在計算 E_0 及 E_1 時，假設三角形量子井為一完全之三角位能

$$qV(x) = \begin{cases} \infty & x = 0_- \\ q\mathcal{E}_o x & x \geq 0 \end{cases} \tag{6.56}$$

$\mathcal{E}_o$ 為 GaAs 邊在 x=0 之電場強度。其解可在一般量子力學書上找到

$$E_n = (\frac{\hbar^2}{2m^*})^{1/3}(\frac{3}{2}\pi q\mathcal{E}_o)^{2/3}(n+\frac{3}{4})^{2/3} \tag{6.57}$$

而由高斯定律得

$\in_2 \mathcal{E}_o = qn_s + Q_b \approx qn_s$，$Q_b$ 為在 GaAs 累積區內之背景電荷通常很小可忽略。

故用此模型得

$$\begin{cases} E_o = \gamma_o n_s^{\frac{2}{3}} \\ E_1 = \gamma_1 n_s^{\frac{2}{3}} \end{cases} \quad \begin{aligned} \gamma_0 &= (\frac{\hbar^2}{2m})^{1/3}(\frac{3}{4})^{2/3}(\frac{3\pi q^2}{2\in_2})^{2/3} \\ \gamma_1 &= (\frac{\hbar^2}{2m})^{1/3}(\frac{7}{4})^{2/3}(\frac{3\pi q^2}{2\in_2})^{2/3} \end{aligned} \tag{6.58}$$

計算 n_s 之自我一致方法變成

(i) 由所加 V_G 嚐試給一 E_f，由 (6.50) 式得 n_s，

(ii) 由 (6.58) 式 n_s 得 E_o, E_1 能階，

(iii) 由 E_o, E_1 能階代回 (6.54) 式計算 n_s 看是否與假設一樣，若不一樣再回到

(i) 重新開始，若一樣則停止計算。

6.8.5 MODFET 的 I-V 特性

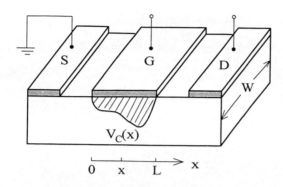

圖 6.27 MODFET 側面圖。

如圖 6.27 所示的 MODFET，其電流 I_D 可寫爲

$$I_D = qn_s W\, v(x) \tag{6.59}$$

W 爲元件寬度，$v(x)$ 爲電子速度，x 現爲圖 6.27 所示的方向。所以

$$n_S = \frac{\epsilon_1}{qd}(V_G - V_{off} - V_C(x)) \tag{6.60}$$

當電場小時，$v(x) = \mu \mathcal{E}(x) = \mu \dfrac{dV_C}{dx}$，解法與 MESFET 一樣得

$$I_{Dsat} = \frac{\epsilon_1 \mu W}{2Ld}(V_G - V_{off})^2 \tag{6.61}$$

當電場大到速度飽合時 $v(x) = v_S$，此時分析困難，一般用下式

$$n_s = \frac{\epsilon_1}{qd}(V_G - V_{off} - \mathcal{E}_C L) \approx \frac{\epsilon_1}{qd}(V_G - V_{off}) \tag{6.62}$$

來近似，$\mathcal{E}_C$ 爲速度達到飽合之電場，由此可得出

$$I_D = \frac{\epsilon_1 v_s}{d}(V_G - V_{off})^2 \tag{6.63}$$

為提高 FET 通道內電子的移動率或飽合速度，可將 GaAs 內攙雜一些 In 形成 InGaAs，叫做假晶 (pseudomorphic) HEMT。$In_xGa_{1-x}As$ (x=0.22) 之晶格常數雖與 GaAs 及 AlGaAs 不同，但因厚度很薄只有 $150\overset{\circ}{A}$ 形成扭曲層 (strain layer) 不會有缺陷產生。上層 AlGaAs 之攙雜很多人改用不摻雜，只放一層 Si (δ 摻雜)，提供足量之轉移電荷。而其他部份不攙雜 (i – AlGaAs) 有助於提高蕭基二極體之逆向崩潰電壓。

第七章 金屬-絕緣層-半導體系統

金屬-絕緣層-半導體 (MIS) 結構中,最有名是當絕緣層為一氧化層時之 MOS 結構,這個結構於 1959 年由 Moll, Pfann 及 Garrett 首先提出,用來做為電壓控制的電容器。後來 1963 年又用來做為研究半導體上所長氧化層電子特性之利器。1970 年 Boyle 和 Smith 首先提出了電荷耦合之觀念而做出了電荷耦合元件 (charge-coupled device (CCD)) ,廣泛地應用在影像偵測,信號處理,邏輯運算方面。而到了 1980 年代,由 p 型及 n 型 MOS 場效電晶體 (MOSFET) 合成所做之互補式金氧半場效電晶體 (CMOS),取代其他所有元件,成為超大型積體電路 (VLSI) 或極大型積體電路 (ULSI) 領域中一支獨秀的元件,由此可見 MOS 結構之重要性。

7.1 理想的 MIS 結構

要了解 MIS 結構之電子特性,最重要的就是先畫出它的帶圖,我們以鋁、氧化矽及 p 型矽為例來說明三元素系統之平衡狀態如何達成,加偏壓以後又如何變化。

7.1.1 Al-SiO₂-(p)Si 帶圖

圖 7.1(a) 展示在空間電荷中性狀況下,沒有介面能階存在,氧化層也沒有淨電荷下所得的帶圖。由於氧化層為非晶體,故其導電能階底端及價電帶能階頂端用的是移動率邊界 (mobility edge),而非一般晶體所用的帶邊界 (band edge)。由於金屬的佛米能階距離真空階 $q\phi_m$ = 4.1 eV 比半導體內佛米

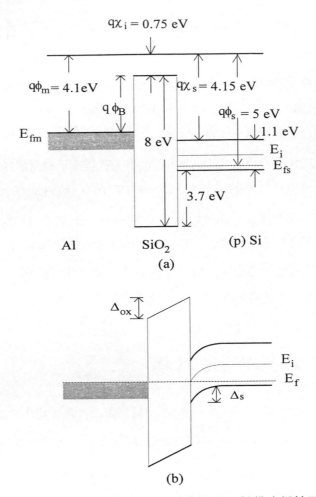

圖 7.1　Al-SiO₂-Si 的能帶圖：(a) 電中性時，(b)佛米級拉平時。

能階距離眞空階 $q\phi_s = 5$　eV 要高，故電子會從金屬經外界通路而進入半導體內，最後達成平衡時能帶變成如圖 7.1(b) 所示。此時所造成之靜電位能跨過氧化層及半導體，總電位降等於此二者之和，

$$\Delta_{ox} + \Delta_s = q\phi_s - q\phi_m = 0.9 \ \ eV \tag{7.1}$$

其中的 Δ_{ox}/q 是在氧化層的跨壓,而 Δ_s/q 是在半導體的跨壓。由於氧化層兩端儲存有電荷,因此形成一電容器。在上面分析中,電子是經由外界通路而非氧化層而進入半導體,這是因爲氧化層爲絕緣體,其導電度極低 $\sigma \cong 10^{-18}(\Omega-cm)^{-1}$,故反應時間常數 RC 很長

$$RC = \rho\frac{d}{A}\frac{\epsilon_{ox} A}{d} = \frac{\epsilon_{ox}}{\sigma} = \frac{3.45x10^{-13}}{10^{-18}} \cong 3.45x10^5 \sec \cong 4 \text{ 天} \qquad (7.2)$$

其中 d 爲氧化層厚度,A 爲電容面積,ρ 及 ϵ_{ox} 各別氧化層電阻係數及介質常數。若無外界通路,此系統可以處在不平衡狀態下很久,因此氧化層本身之佛米能階 E_{fi} 並不重要。因爲些微的電子注入,需要 4 天才能平衡,故氧化層通常處於不平衡狀態,佛米能階意義不大。

7.1.2 偏壓的影響

當 MIS 結構在金屬上加以正向或逆向偏壓,半導體接地,則在半體表面會呈現三種現象:

(1) 在金屬上加以負電壓 (V<0)

它會吸引半導體內的正電荷到 Si-SiO$_2$ 介面空乏區 (圖 7.1(b)),中和了部分負的空間電荷,使半導體內的電位降減少。此時由於垂直流過氧化層之電流趨近零,故垂直介面方向之佛米能階爲平的。當我們加電壓到 $V \equiv V_{FB} = \phi_m - \phi_s$ (= - 0.9V) 時,外加電壓剛好等於內建電位,則能帶如圖 7.2(a) 所示,矽中之帶變平,沒有任何電荷存在,這電壓叫平帶電壓 (flat-band voltage)。

繼續加以負電壓,且 $|V| > |V_{FB}|$,則能帶如圖 7.2(b) 所示,在矽表面開始出現多出電洞,也就是電洞濃度大於受體濃度(N_A),價電帶頂端向佛米能階 E_{fs} 靠近,這種情形叫表面累積 (surface accumulation)。後面由解 Poisson 方程式知道,凡是電荷累積狀態下,會出現一物理參數 L_D (Debye length)

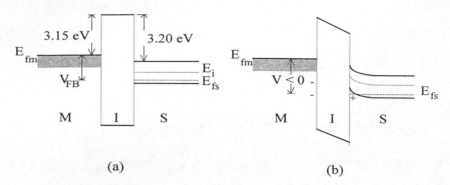

圖 7.2　負向偏壓時 MIS 的能帶圖：(a) V = V_{FB}，能帶拉平時，(b) |V| > |V_{FB}| 時。

$$L_D = \sqrt{\frac{kT \epsilon_s}{N_A q^2}} \tag{7.3}$$

代表載體濃度隨位置變化之特徵長度，累積區之寬度約為幾個 L_D。

　　這些多出電洞是由那裡來的？瞬間反應為何？當金屬上加以負電壓 |V| > |V_{FB}| 的瞬間，半導體內部電洞受一負電場之吸引被推向 SiO_2 / (p)Si 介面累積(在 τ_h = RC 時間內完成)。當電洞開始累積，電子則被推離表面但其速度很慢，這是因為電子的數目太少，要靠擴散離開表面，不能像多數載體電洞可利用遷移方式快速運動之故。此時在表面之電子電洞濃度乘積 pn > n_i^2，導致經由介面能階的淨復合作用發生，以 τ_r 之時間常數把電子消耗掉，直到 pn ≅ n_i^2。故 MIS 電容到達穩定之時間由 τ_h 及 τ_r 的大小所決定。一旦表面累積發生，表面累積電荷隨電壓呈指數上升，故外加電壓絕大部分均落於氧化層上。

(2) 在金屬上加以正電壓 (V>0)

　　在沒有加任何電壓時，半導體矽表面已有空乏區，若再加以正電壓，吸引電子排斥電洞，則空乏區將伸展得更長，如圖 7.3(a) 所示。這種情形叫表

面空乏 (surface depletion)，表面電子濃度開始上升。帶結構形成量子井結構，井內能階開始量化。

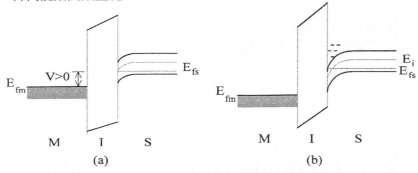

圖 7.3　當正向偏壓時 MIS 電容在半導體表面形成 (a) 空乏區及 (b) 反轉區時的能帶圖。

　　這些多出電子從何而來？瞬間反應為何？在金屬上加正電壓的瞬間，半導體表面因電洞被快速的推離表面而產生載體空乏現象。此時電子靠擴散作用到達表面之速度很慢，導致短時間內 $pn < n_i^2$，故熱產生開始發生作用在表面附近產生電子電洞對，電子留在井內而電洞則被掃入半導體內部，這就是多出電子的來源。當溫度很高時，則由於空乏區邊界之電子很快掉入介面量子井內形成一梯度，使半導體內較多的電子可以經由擴散而來提供多出電子。另外若 MIS 電容附近有 n 型區域存在，如圖 7.4(a) 所示，則電子可由 n 型區經過如圖 7.4(b) 所示側面較低之 pn 接面位障，很快的提供金屬電極下 $SiO_2 / (p)Si$ 介面所需電子。

　　當金屬上正電壓繼續增加，表面電子濃度 n_s 不斷加大，如圖 7.3(b) 所示。當 E_i 跨過 E_{fs} 時，則表面電子濃度 n_s 大於電洞濃度 p_s，此時 MIS 系統處在弱反轉 (weak inversion) 區。當 n_s 遠大於受體濃度 N_A 時，則處在強反轉 (strong inversion) 區，半導體表面形成一層反轉層 (inversion layer)，而這些多出電子仍然由熱產生所提供。此時 MIS 系統儲存之電荷及場分佈如圖 7.5(a) 及 (b) 所示。自由電子 (Q_n) 所在位置非常接近 (p) Si / SiO_2 介面，

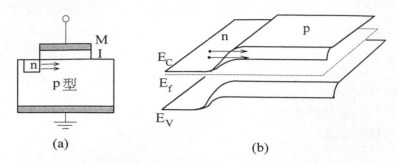

圖 7.4 由 n 型區域提供電子：(a) 元件結構，(b) 能帶圖。

而受體電荷 (Q_A) 則分佈到很長一段距離。當自由電子居多數時，電位能分佈在接近介面近似指數分佈，故增加 MIS 電容金屬上之電壓，對矽表之電位 ϕ_s (surface potential) 影響很小，因為 ϕ_s 僅要改變一點點，Q_n 會以指數方式上升，由 $\Delta Q = C_{ox} \Delta V$ 知道，ΔQ 指數上升會造成氧化層上的位降 ΔV 指數上升，因此壓降中絕大部分均落在氧化層上。故在強反轉區內半導體表面電位 ϕ_s 值改變極小，表示空乏區之寬度 W 達到一最大值叫 W_{max}。

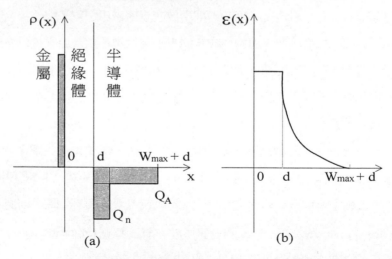

圖 7.5 強反轉區時的 (a) 電荷分佈，(b) 電場分佈。

7.1.3 數學分析

前面的說明，可以用數學公式來做詳細的分析。首先將電子與電洞濃度與位置關係表示如下：

$$p(x) = p_{po} \exp\left(\frac{q\phi(x)}{kT}\right) = p_{po} \exp(-\beta\phi)$$

(7.4)

$$n(x) = n_{po} \exp(\beta\phi)$$

此處 p_{po} 為中性區電洞濃度，n_{po} 為中性區電子濃度，而 $\beta = q/kT$。由上面討論知隨表面電位 ϕ_s 之不同，MIS 可分為下面幾個區域：

$\phi_s < 0$	電洞累積區	$p_s > p_{po}$
$\phi_s = 0$	平帶 (flat-band)	$p_s > p_{po}$
$\phi_p > \phi_s > 0$	電洞空乏區	$p_{po} > p_s > n_i > n_s$
$2\phi_p \geq \phi_s \geq \phi_p$	弱反轉區	$p_{po} > n_s > n_i > p_s$
$\phi_s \geq 2\phi_p$	強反轉區	$n_s \geq p_{po}$

這裏我們假設導電帶能階密度 N_C 與價電帶能階密度 N_V 相同。當 $\phi_s = 2\phi_p$ 時，在表面之 $E_C - E_F$ 等於中性區內之 $E_F - E_V$，故 $n_s = p_{po}$。

$\phi(x)$ 與位置之關係可由解 Poisson 方程式而得

$$\frac{d^2\phi}{dx^2} = -\frac{q}{\in_s}\left(N_D^+ - N_A^- + p - n\right)$$

(7.5)

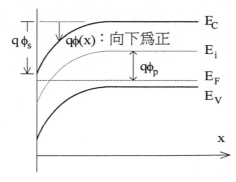

圖 7.6　MIS 結構在半導體表面的能帶及其各項位能的定義。

假設 $N_D^+ - N_A^-$ 不隨位置而變，則在中性區內

$$N_D^+ - N_A^- = n_{po} - p_{po} \tag{7.6}$$

若將 n_{po} 忽略掉則可得

$$p_{po} = \frac{N_A}{1 + 2\exp\left(\dfrac{E_A - E_F}{kT}\right)} - \frac{N_D}{1 + 2\exp\left(\dfrac{E_F - E_D}{kT}\right)} \tag{7.7}$$

因此將 (7.6) 式代回 (7.5) 式得

$$\frac{d^2\phi}{dx^2} = -\frac{q}{\epsilon_s}\left[p_{po}\left(e^{-\beta\phi} - 1\right) - n_{po}\left(e^{\beta\phi} - 1\right)\right] \tag{7.8}$$

兩邊同乘以 $2\left(\dfrac{d\phi}{dx}\right)dx$ 後，左邊改成全微分 $d\left(\dfrac{d\phi}{dx}\right)^2$，兩邊再積分 $\int_{\infty}^{\frac{d\phi}{dx}}$ 後得

$$\mathcal{E}^2 = \left(\frac{d\phi}{dx}\right)^2 = \frac{2kTp_{po}}{\epsilon_s}\left[\frac{n_{po}}{p_{po}}\left(e^{\beta\phi} - \beta\phi - 1\right) + \left(e^{-\beta\phi} + \beta\phi - 1\right)\right] \tag{7.9}$$

定義 $L_D \equiv \sqrt{\dfrac{kT\epsilon_s}{q^2 p_{po}}}$ 為 Debye 長度，則電場可寫為

$$\mathcal{E} = -\frac{d\phi}{dx} = \pm\frac{\sqrt{2}kT}{qL_D}\left[\frac{n_{po}}{p_{po}}\left(e^{\beta\phi} - \beta\phi - 1\right) + \left(e^{-\beta\phi} + \beta\phi - 1\right)\right]^{\frac{1}{2}} \tag{7.10}$$

當 ϕ 為正時取 "+" 號，當 ϕ 為負時取 "-" 號，且其中的

$$F\left(\beta\phi, \frac{n_{po}}{p_{po}}\right) \equiv \left[\frac{n_{po}}{p_{po}}\left(e^{\beta\phi} - \beta\phi - 1\right) + \left(e^{-\beta\phi} + \beta\phi - 1\right)\right]^{\frac{1}{2}} \tag{7.11}$$

在表面 $\phi = \phi_s$ 處的電場為

$$\mathcal{E}_s = \pm\frac{\sqrt{2}kT}{qL_D}F\left(\beta\phi_s, \frac{n_{po}}{p_{po}}\right) \tag{7.12}$$

而儲存在矽內之空間電荷 Q_s 可由高斯定律求得

$$Q_s = -\epsilon_s \mathcal{E}_s = \mp \frac{\sqrt{2}\,\epsilon_s\,kT}{qL_D}\,F\!\left(\beta\phi_s, \frac{n_{po}}{p_{po}}\right) \tag{7.13}$$

要解出電位之分佈，必須訴諸數值積分。現可用 (7.10), (7.11) 及 (7.13) 式分析前述幾個區間：

(1) 在累積區時， $\phi_s < 0$ ，而且 $n_{po}e^{\beta\phi_s} < n_{po} \ll p_{po}$ ，所以 F 可簡化為

$$F\!\left(\beta\phi_s \frac{n_{po}}{p_{po}}\right) \approx \exp\!\left(-\frac{\beta\phi_s}{2}\right) = \exp\!\left(-\frac{q\phi_s}{2kT}\right) \tag{7.14}$$

若考慮受體之游離程度，則 $N_D^+ - N_A^-$ 會隨位置而變，前面公式不再適用，必須重新推導。在中性區內，電荷保持中性，故由 (7.7) 式可得

$$p_{po} = \frac{N_A}{1 + 2\exp\!\left(\dfrac{E_A - E_F}{kT}\right)} - N_D = \frac{N_A}{1 + \dfrac{2}{N_v}\exp\!\left(\dfrac{E_a}{kT}\right)p_{po}} - N_D$$

$$= \frac{N_A}{1 + \alpha p_{po}} - N_D \tag{7.15}$$

式中的 $E_a = E_A - E_V$ 為受體的束縛能，而且

$$\alpha = \frac{2}{N_v}\exp\!\left(\frac{E_a}{kT}\right) \tag{7.16}$$

在累積層內淨正電荷的數目為

$$\frac{\rho}{q} = p + N_D - \frac{N_A}{1 + \alpha p} = p - p_{po} + N_A\!\left(\frac{1}{1 + \alpha p_{po}} - \frac{1}{1 + \alpha p}\right) \tag{7.17}$$

$$= (p - p_{po})\!\left(1 + \frac{\alpha N_A}{(1 + \alpha p_{po})(1 + \alpha p)}\right) = (p - p_{po})\!\left(1 + \frac{\alpha(N_D + p_{po})}{1 + \alpha p}\right)$$

故解 Poisson 方程式

$$\frac{d^2\phi}{dx^2} = -\frac{qp_{po}}{\in_s}\left[e^{-\beta\phi} - 1 + \alpha\left(N_D + p_{po}\right)\frac{e^{-\beta\phi} - 1}{1 + \alpha p_{po}e^{-\beta\phi}}\right] \tag{7.18}$$

如此可得

$$F(\beta\phi)^{1/2} = \left\{\beta\phi + e^{-\beta\phi} - 1 + \alpha(N_D + p_{po})\ell n\left(\frac{\alpha p_{po} + e^{\beta\phi}}{1 + \alpha p_{po}}\right) + \left(1 + \frac{N_D}{p_{po}}\right)\ln\left(\frac{1 + \alpha p_{po}e^{-\beta\phi}}{1 + \alpha p_{po}}\right)\right\}^{1/2}$$

$$\tag{7.19}$$

在 $|\beta\phi_s| \gg 1$ 時，$F(\beta\phi_s) \to e^{\frac{-\beta\phi_s}{2}}$，$Q_s \to e^{-\frac{\beta\phi_s}{2}}$，與(7.14) 式所推導結果類似。

(2) 空乏區及弱反轉區，因 $2\phi_p \geq \phi_s \geq 0$，故有 $n_s = n_{po}e^{\beta\phi_s} < p_{po}$，則 F 可簡化爲

$$F\left(\beta\phi_s, \frac{n_{po}}{p_{po}}\right) \cong \sqrt{\beta\phi_s} \tag{7.20}$$

由此得 $Q_s \propto \sqrt{\phi_s}$。

(3) 強反轉層 $\phi_s \geq 2\phi_p$ 時，$n_s = n_{po}e^{\beta\phi_s} > p_{po}$，F 可簡化爲

$$F\left(\beta\phi_s, \frac{n_{po}}{p_{po}}\right) \approx \left[\frac{n_{po}}{p_{po}}e^{\beta\phi_s} + \beta\phi_s\right]^{1/2} \approx \sqrt{\frac{n_{po}}{p_{po}}}e^{\frac{\beta\phi_s}{2}} \tag{7.21}$$

所以，$Q_s \propto e^{\frac{q\phi_s}{2kT}}$。在不同電壓區的 Q_s 及 ϕ_s 的關係如圖 7.7 所示。

7.1.4　MIS 系統之電容

　　MIS 系統的電性可由分析其電容而得到深入的了解，故我們要詳細考慮其電容。電容 C 通常是在金屬電極加一固定偏壓後，再疊加一小交流 (ac)

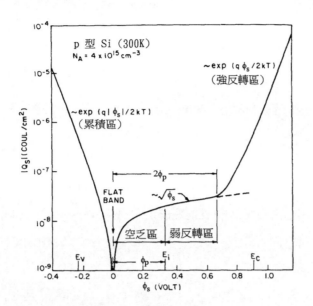

圖 7.7　MIS 電容的累積電量與外加電壓的關係。(錄自：C. G. B. Garrett and
　　　W. H. Brattain, Phys. Rev. 99, 376, 1955)

電壓 ΔV_G 後測量相位差 90°之交流電流而得。ΔV 跨過氧化層之分壓爲
ΔV_i 跨過矽表面之分壓爲 ΔV_s，故總電容

$$\frac{1}{C} = \frac{1}{dQ\big/dV} = \frac{\Delta V_i}{\Delta Q} + \frac{\Delta V_s}{\Delta Q} = \frac{1}{C_i} + \frac{1}{C_D} \tag{7.22}$$

上式中的 $C_i = \epsilon_i / d$，爲單位面積氧化層之電容，$C_D = dQ / d\phi_s$，爲單位面
積矽表面之電容。

由 (7.13)式可得 C_D 值爲

$$C_D = \frac{\epsilon_s}{\sqrt{2}L_D} \frac{\left[1 - e^{-\beta\phi_s} + \dfrac{n_{po}}{p_{po}}\left(c^{\beta\phi_s} - 1\right)\right]}{F\left(\beta\phi_s, \dfrac{n_{po}}{p_{po}}\right)} \tag{7.23}$$

現分三個區間來討論電容 C_D 值隨表電位 ϕ_s 之變，化以及 MIS 結構之總電容 C：

(1) 累積區 $\phi_s < 0$

在 $|\beta\phi_s| >> 1$ 時，$F(\beta\phi_s) \rightarrow \exp(-\beta\phi_s/2)$，(7.23) 式之分子 $\approx e^{-\beta\phi_s}$，故

$$C_D \approx \frac{\epsilon_s}{\sqrt{2}L_D} e^{-\frac{\beta\phi_s}{2}} \tag{7.24}$$

此值極大，遠大於氧化層電容 C_i。故總電容 C 接近氧化層電容 C_i。此時電洞之累積受 p 型區張弛時間 (relaxation time) τ_h 所限制，故只要 ac 信號的 $\omega\tau_h << 1$，則電洞可以跟著外界測量之 ac 信號 (約在 1MHz 以下)而變，這表示 $\tau_h << 1 \ \mu s$。

在 $\beta\phi_s \rightarrow 0$ 時，$1-e^{-\beta\phi_s} \approx \beta\phi_s$，$e^{-\beta\phi_s}+\beta\phi_s-1 \approx \beta^2\phi_s^2/2$，所以有

$$C_D = \frac{\epsilon_s}{L_D} \tag{7.25}$$

為平帶電容 (flat-band capacitance)。而此時整個 MIS 之總電容 C 為 C_i 及 C_D 之串聯，比氧化層電容要小。

(2) 空乏區及弱反轉區，$2\phi_p \geq \phi_s \geq 0$

$$C_D = \frac{\epsilon_s}{\sqrt{2}L_D} \frac{1}{\sqrt{\beta\phi_s}} = \frac{\epsilon_s}{W} \tag{7.26}$$

其中 W 為空乏區長度。這時 MIS 之總電容 C 比累積區之電容繼續減少。

(3) 強反轉區 $\phi_s \geq 2\phi_p$

此時電子 n 之數目大於電洞，而其供應必須靠熱機制產生(產生之快慢與 τ_n 有關)或附近有 n 型區域存在，因此電容成為交流信號頻率之函數。以下分析三種可能的狀況，所量出之電容皆有不同：

(i) 當閘極直流偏壓 V_G 及 ac 小信號 ΔV_G 變化都很慢，以致熱產生所提供的反轉層電子可以跟著電壓而改變，則電容 C_D 變成

$$C_D = \frac{\epsilon_s}{\sqrt{2}L_D} \sqrt{\frac{n_{po}}{p_{po}} e^{\frac{\beta\phi_s}{2}}} \tag{7.27}$$

數值很大，與氧化層電容 C_i 串聯時可忽略，所以總電容 $C \approx C_i = \epsilon_i / d$，如圖 7.8 (a) 所示。因此在產生反轉層後電容會由較小之值 $(1/C \approx d/\epsilon_i + W/\epsilon_s)$ 回復到 C_i。此後不論 V_G 及 ΔV_G 如何變化，所量得之電容均幾乎為常數。此時空乏區有一最大寬度

$$W_{max} = \sqrt{\frac{4\epsilon_s}{qN_A}\phi_p} \tag{7.28}$$

而空乏區儲存的電荷為

$$Q_d \approx -qN_A W_{max} = -\sqrt{4\epsilon_s qN_A\phi_p} \tag{7.29}$$

這時我們可以定義一個重要元件參數 V_T 叫臨界電壓 (threshold voltage)，也就是矽表面變成強反轉層所需加之閘極電壓

$$V_T = V_{FB} + 2\phi_p + \frac{|Q_d|}{C_i} \approx V_{FB} + 2\phi_p + \frac{\sqrt{4\epsilon_s qN_A\phi_p}}{C_i} \tag{7.30}$$

當閘極電壓 $V_G > V_T$ 後，反轉層自由子濃度 Q_n 可寫為

$$\begin{aligned}
Q_n &= -C_i(V_G - V_{FB} - \phi_s) - Q_d \\
&= -C_i(V_G - V_{FB} - 2\phi_p) + \sqrt{4\epsilon_s qN_A\phi_p} \\
&= -C_i(V_G - V_T)
\end{aligned} \tag{7.31}$$

此式在 V_G 趨近 V_T 時不太正確。

(ii) V_G 變化很慢，ΔV_G 變化很快，反轉層電子數量的變化可以跟上 V_G 但不能跟上 ΔV_G。這時在外加電壓 V_G 大於 V_T 後，空乏區寬度 W 趨近 W_{max}，所加的電壓 V_G 僅能改變些微表面電位 ϕ_s。而 ΔV_G 變化太快無法改變反轉層電子濃度 Q_n，只好藉由改變空乏區邊界之電荷濃度 Q_d 來平衡電位差，故矽層之電容變成

$$C_D \approx \frac{\epsilon_s}{W_{max}} \tag{7.32}$$

而總電容 C

$$C \approx \frac{1}{d/\epsilon_i + W_{max}/\epsilon_s} \equiv C_{min} \tag{7.33}$$

趨近一最小值 C_{min}，如圖 7.8(b) 所示。

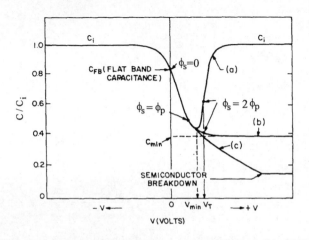

圖 7.8　MIS 的電容與外加電壓的關係：(a)低頻率時，(b) 高頻率時，(c) 深度空乏 (deep depletion) 。(錄自：A. S. Grove, B. E. Deal, E. H. Snow, and C. T. Sah, Solid State Electron., 8, 145 (1965))

(iii) V_G 及 ΔV_G 均變化很快。例如閘極電壓 V_G 突然掃過 V_T，則會產生深度空乏 (deep depletion)的現象，也就是熱產生來不及提供反轉層電子，只好藉由擴張空乏區之寬度 W 超過 W_{max} 來提供電位差，此時總電容 C 降到比 C_{min} 還小，如圖 7.8 (c) 所示。若閘極偏壓停留在高電壓，則過一段時間後電容會回到 C_{min}。圖 7.8 中所示高低頻電容之界線與光照強度、基板溫度及是否鄰近有 n型區域都有關係。

7.2 介面及氧化層電荷

在前面所討論之 MIS (MOS) 系統均假設絕緣層中沒有任何電荷，事實上，在真正的 MIS 元件中，介面及氧化層電荷是無法避免的。一般氧化層內電荷分佈如圖 7.9 所示，其成因及對元件之影響分析如下。

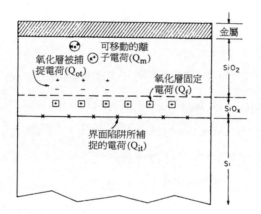

圖 7.9　氧化層及界面的電荷。(錄自：B. E. Deal，IEEE Trans. Electron Devices, ED-27, 606, 1980)

7.2.1 成因

SiO$_2$ 之結構為正四面體，故理想之 Si / SiO$_2$ 介面應如圖 7.10 所示。但實際上在 Si 上生成 SiO$_2$ 時，因兩者結構不同，故會產生 Si-Si 伸長 (stretched) 鍵，Si 懸垂鍵 (dangling bond) 等。 Si-Si 伸長鍵之結鍵 (bonding) 及反鍵 (antibonding) 軌道能階均在帶溝內， Si 懸垂鍵亦然，這些能階部分能捕捉電子形成表面陷阱。當這些陷阱數目到達某一定值以上，則會嚴重影響到 MIS 之電子特性。

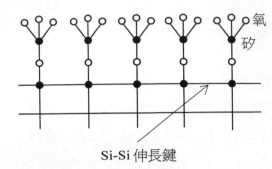

Si-Si 伸長鍵

圖 7.10 Si-SiO$_2$ 的介面，黑圓圈代表矽原子，白圓圈代表氧原子。

例如當 MOS 剛達到強反轉區，電子之表面濃度 $n_s(/cm^2) \approx$ 雜質之表濃度 $N_s(N_A = 10^{15}/cm^3$，則 $N_s \approx N_A^{2/3} \approx 10^{10}/cm^2 = n_s)$。而矽表面原子密度為 $(5 \times 10^{22})^{2/3} \approx 1.35 \times 10^{15}/cm^2$，也就是矽表面每 10^5 個原子中有一個結鍵出錯，則會形成陷阱使 MOS 電容之行爲遠離理想狀況。幸運的是 Si－SiO$_2$ 系統介面能階很少，這也是 Si MOS 元件在整個積體電路工業上佔最重要地位之主要原因。三五族半導體GaAs 上面所長之氧化層則無法滿足低缺陷密度之要求，因此不能做 MOSFET 元件，而以 MESFET 元件爲主。

實驗顯示在 Si (100) 表面上之缺陷密度 Dit $(/cm^2 - eV)$ 最小，(111) 最多約比 (100) 表面多到 10 倍，其分佈在帶溝中間約爲常數，趨近導（價）帶間邊時呈指數上升。(100) 表面缺陷密度少原因可能是每個矽原子可以提供兩個空鍵做爲與氧之鍵結，因此較易形成緻密之 SiO$_2$。通常缺陷密度可藉由在 H$_2$ 或 H$_2$ + N$_2$(85%) 之環境中燒烤而降低。

氧化層電荷可分爲三類：(i) 氧化層固定電荷 Q$_f$，(ii) 氧化層被捕捉電荷 Q$_{ot}$，(iii) 可移動之離子電荷 Q$_{ion}$。實驗上顯示氧化層固定電荷 Q$_f$ 具有一些特性例如其數量固定不變，不會受半導體表面電位 ϕ_s 之變化而充放電；其位置係在 Si / SiO$_2$ 介面 30Å 以內，且其密度不受氧化層厚度及 Si 基板雜質濃度之影響；但其密度會受基板指向及氧化後退火狀況之影響。一般

猜測 Q_f 之起因有二：一為形成三鍵之矽，多出一個懸垂鍵上的電子則丟到介面能階去，形成帶正電之固定電荷。另一種可能性係氧原子僅與一個 Si 結鍵，多出電子也丟到介面能階而形成。氧化層被捕捉荷 Q_{ot} 之成因，可能是因為氧化層內部如同一般半導體一樣會有一些缺陷存在於帶溝中，當 MIS 結構被 γ 射線，高能量電子束或光子照射，都會在氧化層內產生電子電洞對，電子被跨過氧化層之電場掃出，而電洞則被捉住而形成正電荷，或者是 MIS 之結構所加偏壓大到矽中產生累增崩潰等，則電子注入氧化層後也有可能被捕捉而形成負電荷。

　　MOS 元件最大的敵人就是鈉離子，它可以在氧化層中自由移動形成離子電荷 Q_{ion} 造成元件操作之不穩定性。它的來源有四：(A) 蒸鍍金屬所用之鎢絲，(B) 退火爐之絕緣材料及石英管（現已有無鈉之爐子及高純度石英管），(C) 光阻及 (D) 化學藥品及人體。消除之法除了嚴密控制各種製做程序外，還可以用吸附 (gettering) 之方法，例如在 SiO_2 上鍍一層含磷之玻璃 (phosphosilicate glass)，可將鈉離子捕捉住，或在長氧化層時用稀鹽酸加氧 $(HC\ell+O_2)$，當氯原子進入 Si/SiO_2 介面後會與 Na 形成 NaCl 消除離子電荷。

7.2.2　對元件之影響

　　前面所提到的氧化層電荷對 MIS 電容有相當大影響，現分析於下：

(1) Q_{it}：介面陷阱

　　在閘極上加上正電壓 V_G 後，由於矽帶之向下移動導致體內佛米能階 E_{fs} 比介面陷阱呈電中性時之佛米能階 E_{fi} 要高，如圖 7.11(a) 所示，則介面陷阱 Q_{it} 也要填充電子，故在相同電壓下矽表面彎曲程度 ϕ_s 要比沒有 Q_{it} 時要小，故表現在高頻 C-V 圖上的是曲線拉長了，如圖 7.11 (b) 所示。若 Q_{it} 跟不上高頻小交流信號時，則等效電路相當於圖 7.12 (a) 所示，若小交流信號改為低頻，而 Q_{it} 可以跟隨而改變，則等效電路變成如圖 7.12 (b) 所示。

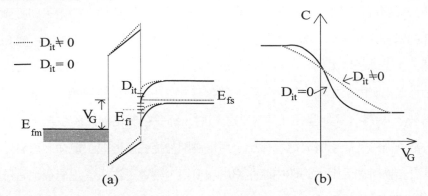

圖 7.11　當介面陷阱存在時 MIS 的 (a) 能帶圖及(b) C-V 關係曲線，E_{fi} 為介
面陷阱呈電中性時佛米能階的位置。

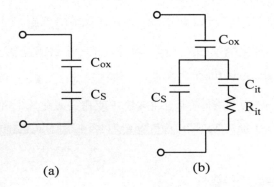

圖 7.12　當介面陷阱存在時，MIS 的 (a) 高頻及(b) 低頻的等效電路。

(2) Q_f 及 Q_{ot} ：固定電荷及氧化層補捉電荷

固定電荷及氧化層補捉電荷對元件之主要影響是平帶電壓 V_{FB} 改變，其
他特性不變。此時要用影像電荷 (image charge) 之觀念來推導其對 V_{FB} 之影
響。氧化層中若存在一固定薄層電荷(密度 ρ_{ox})，如圖 7.13(a) 所示，則在表
面附近產生電場 $\varepsilon = \rho_{ox} / 2 \epsilon_{ox}$ 。現在附近加一接地平行之金屬或半導體平
板，如圖 7.13(b) 所示，則在其上感應符號相反的電荷，此感應電荷可用一
位於對稱位置的鏡像電荷來代表，產生之電場及電位必須滿足邊界條件：在

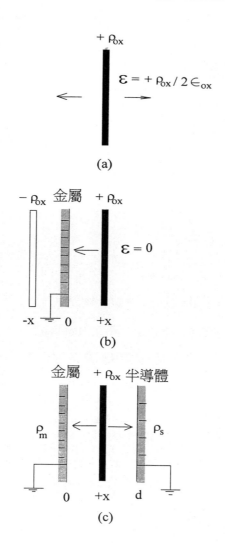

圖 7.13 氧化層電荷所造成的鏡像電荷及所產生之電場，(a) 一薄層電荷單
　　　獨存在，(b) 附近有一金屬或半導體平板，(c) 兩邊各有一金屬及半
　　　導體平板。

金屬內部電場為零 $\varepsilon = 0$ ，以及在金屬表面為等電位（電場垂直金屬），其值且定為零。當在 x=0 及 d 各出現一金屬或半導體，如圖 7.13(c) 所示，則在金屬上感應之電荷密度 ρ_m 及半導體上感應之電荷密度 ρ_s 滿足

$$\rho_{ox} = -(\rho_m + \rho_s) \tag{7.34}$$

由於電位降在電荷兩邊相同，故

$$\frac{|\rho_m|}{\epsilon_{ox}} x = \frac{|\rho_s|}{\epsilon_{ox}} (d - x) \tag{7.35}$$

由此可以推得

$$\begin{cases} \rho_m = -\rho_{ox}(1 - \dfrac{x}{d}) \\[2mm] \rho_s = -\rho_{ox}\dfrac{x}{d} \end{cases} \tag{7.36}$$

倘若 ρ_{ox} 接近半導體，即 x 趨近 d ，則感應之電荷均在半導體內，金屬內不產生感應電荷。此時要在矽這邊產生平帶 (flat band)，則必須在金屬閘極上多加一些負電壓 V_G 以吸引半導體內正電荷到介面來抵消感應之負電荷 ρ_s ，此時之平帶電壓 V_{FB} 可由解 Poisson 方程式而得

$$\frac{d^2 V}{dx^2} = -\frac{\rho(x)}{\epsilon_{ox}} \tag{7.37}$$

積分 $\int_x^d$ 可得

$$-\frac{dV}{dx} = -\frac{1}{\epsilon_{ox}} \int_x^d \rho(x') dx' \tag{7.38}$$

再積分 $\int_o^d$ 可得

$$-V(d) + V(0) = -\frac{1}{\epsilon_{ox}} \int_o^d \int_x^d \rho(x') dx' dx = -\frac{1}{\epsilon_{ox}} \left[x \int_x^d \rho(x') dx' \Big|_o^d - \int_o^d x d \int_x^d \rho(x') dx' \right] \tag{7.39}$$

由於 $V(d) = 0$ ，上式可簡化成

$$V(0) = \frac{-1}{\in_{ox}} \int_o^d x\rho(x)dx \tag{7.40}$$

$V(0)$ 為在閘極之電位。當氧化層中固定電荷為零 $\rho(x) = 0$，得 $V(0) = 0 = V_G$ - V_{FB}，此時閘極所加電壓 $V_G = \phi_{ms} = V_{FB}$。，當 $\rho(x) \neq 0$，則閘極電壓 V_G 為平帶電壓 V_{FB} 時，$V(0)$ 滿足 (7.40) 式

$$V_{FB} = \phi_{ms} - \frac{1}{\in_{ox}} \int_o^d x\rho(x)dx \tag{7.41}$$

定義氧化層電荷分佈之重心為

$$\overline{x} = \frac{\int_o^d x\rho(x)dx}{\int_o^d \rho(x)dx} = \frac{\int_o^d x\rho(x)dx}{Q_{ox}} \tag{7.42}$$

則

$$V_{FB} = \phi_{ms} - \frac{\overline{x}Q_{ox}}{\in_{ox}} \tag{7.43}$$

由 (7.43) 式可知，當氧化層電荷 Q_{ox} 之分佈愈接近半導體則 $\overline{x}$ 愈大，V_{FB} 移動愈大。表示感應的負電荷全部在半導體內產生，故需在閘極加較大的負電壓，以抵消半導體介面產生的這些負電荷。而在金屬與 SiO_2 介面之 Q_{ox} 對 V_{FB} 之影響則可以忽略。這些氧化層電荷對 MIS 元件 C-V 特性之影響，則如圖 7.14 所示，平帶電壓 V_{FB} 之改變導致整個 C-V 曲線平移，V_{FB} 可由理論上之 C-V 曲線與實驗相比而得出。

若在 Si/SiO_2 介面加入介面能階，則在半導體內形成平帶時，介面電中性時的佛米能階 E_{fi} 會比 p 型半導體矽佛米能階 E_{fs} 高出 Δ eV，則在介面出現正電荷 $Q_{ss} = D_{it}\Delta$，其中 D_{it} 為介面陷阱之密度。此時平帶電壓 V_{FB} 可寫為

$$V_{FB} = \phi_m - \frac{dQ_{ss}}{\in_{ox}} - \frac{\overline{x}Q_{ox}}{\in_{ox}} \tag{7.44}$$

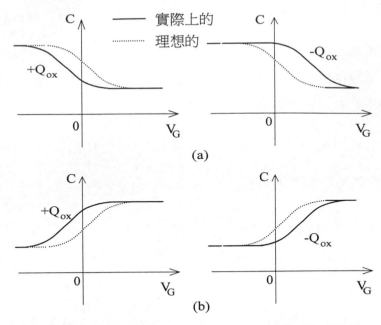

圖 7.14　氧化層電荷對 C-V 的影響：(a) p 型矽，(b) n 型矽。

(3) Q_m：移動電荷

　　正離子位在金屬與 SiO_2 介面對 C-V 沒有任何影響，但當它運動到 Si / SiO_2 介面則會造成很大的效應。一般分別氧化層固定電荷 Q_f，被缺陷捕捉電荷Q_{ot} 及移動電荷 Q_m 之法是利用偏壓–溫度老化 (bias-temperature aging) 實驗，將閘極加一正壓或負壓然後在高溫 180℃ 以上加熱半小時則由如圖 7.15 之三種行爲可以判定是何種電荷決定 V_{FB}。圖 7.15 (A) 之三條 C-V 曲線爲原始曲線 (i)；經過正偏壓–溫度老化實驗後所量之曲線 (f_+)；經過負偏壓–溫度老化實驗後所量之曲線 (f_-)，三者合而爲一，表示電荷平均位置 x̄ 不隨老化狀況而改變，故氧化層內電荷爲固定電荷 Q_f。圖 7.15 (B) 顯示在經過退火後，C-V 圖右移，表示正電荷減少，而且閘極加正或負電壓沒有任何影響，故氧化層內電荷的型式爲被陷阱捕捉電荷 Q_{ot}，加溫可把陷阱中正電荷趕走。圖 7.15 (C) 顯示加正或負電壓，C-V 曲線移動方向相反，表示氧化層有可移動離子存在。正電壓 (f_+) 將 Na^+ 離子趕到 Si/SiO_2 介面，導致 $\bar{x}$ 增加 V_{FB} 向負電壓方向移動。負電壓 (f_-) 是又將 Na^+ 離子吸引回金屬 / SiO_2 介面，C-V 曲線右移。

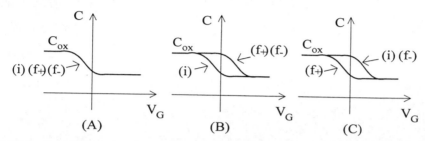

圖 7.15 移動電荷對 C-V 的影響：i 為原始的曲線，f_+ 為正偏壓–溫度老化實驗後之曲線，f_- 為負偏壓–溫度老化實驗後之曲線。當氧化層電荷分別為(A) Q_f，(B) Q_{ot}，(C) Q_m 等三種狀況下的 C-V 圖。

7.3 電荷耦合元件(Charge-coupled devices, CCD)

緊密排列的 MOS 電容可以用做非常重要的電路元件 CCD，它主要是將電的信號或照光以後產生的信號以通道內電荷多寡來表示，然後利用 MOS 元件有深度空乏 (deep depletion) 的條件下不會立刻形成反轉層的特性，將信號電荷迅速傳遞。它主要用在類比信號處理 (Analog signal processing) 及影像處理 (imaging) 等電子系統內。

圖 7.16 展示的是以三相 (three-phase) 操作的CCD 工作原理，MOS 電容的金屬電極排成一列，每隔兩個連接在一起同時加以電壓操作，兩個電容間距離約為 $1{\sim}2\,\mu m$，兩者之空乏區要能重疊。假設如圖 7.16(a) 所示在時間 t = 0 時，$\phi_1 = \phi_3 = 5V$ 而 $\phi_2 = 10V$，則在閘之底下的半導體表面形成一深井，內存有電荷 Q_n 代表了電的信號或照光後產生的信號。這些電荷可由旁邊閘

轉移而來或照光而得，其值可以從零到平衡時之反轉層電荷濃度 Q_e。由於熱產生之電子會扭曲信號，故在其干擾到 Q_n 之前，電荷要從閘 2 轉移到閘 3，因此在很短的時間內必須在閘 3 加一高於閘 2 之電壓 $\phi_3 = 15V$，如圖 7.16(b) 所示，此時電荷藉由擴散，互相排斥及邊緣電場之吸引三種機構轉移到閘 3。然後 ϕ_2 恢復到 5V，ϕ_3 恢復到 10V，ϕ_1 增加到 15V，電荷又從閘 3 轉移到下一級的閘 1 之下，如此不斷地轉移電荷信號直到進入輸出端為止。實際的 CCD 電路如圖 7.17 所示，信號由輸入級 (ID) 注入電子，經由閘極 IG 之控制進入通道，最後延遲一段時間(6 個時間週期)後由輸出端 (OD) 出現。

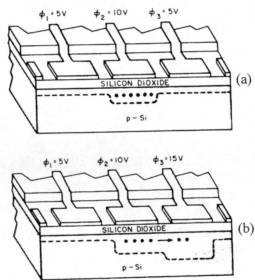

圖 7.16 三相 CCD 的工作原理：(a) ϕ_2 在高壓時，電荷被局限在 ϕ_2 下之位能井中；(b) ϕ_3 升到更高的電壓以轉移 ϕ_2 下之電荷。(錄自：W. S. Boyle and G. E. Smith, IEEE Spectrum, 8, 18, 1971)

CCD 可以作為類比延遲線之用，在一般信號處理時常用到如下的迴旋 (convolution) 運算

$$V(\tau) = \int_0^\infty h(t - \tau)\mu(t)dt$$

兩函數 μ(t) 及 h(t) 中之一必須延遲一段時間 τ 再和另一函數相乘。因此可以將 h(t) 信號先送入 CCD，利用電荷轉移耗費一段時間後再送出去做後面的運算。CCD 也大量用在攝影機等影像系統，在曝光期間，CCD 全部處在深度空乏 (deep depletion) 狀態，因此每個元件內所產生之電子數與入射光量成正比，然後將這些電荷轉移出來予以處理，形成圖片或呈現在銀幕上。

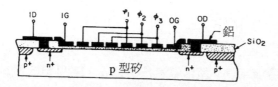

圖 7.17　n 型通道的 CCD 電路的側視圖。(錄自：C. K. Kim 在 "Charge-Coupled Devices and Systems by M. J. Howes and D. V. Morgan" 中的文章)

7.4 電荷注入元件 (Charge injection device, CID)

電荷注入元件 (CID) 是另一種重要的影像感測元件，可利用許多不同的材料，如矽 (Si)、銻化銦 (InSb)、以及碲化鎘汞 (HgCdTe) 等來製作。CID 之基本單元與 CCD 一樣，為一單純的 MIS 電容器。與 CCD 相較之下，其主要差異是在 CID 中，外界掃瞄電路可以任意選取其中一個元件來讀取信號，而 CCD 必須等信號轉移到輸出端才能被讀出，因此兩者讀取機制不一樣。

CID 採用深度空乏之 MIS 電容來收集光照產生之載體 (carriers)。其讀取的方式是直接將儲存之載體擠出量子井並注入基板中復合，並將閘極上所感應出來的位移電流 (displacement current) 積分起來，以取得當初儲存信號之大小。

一般在 CID 的實際操作上區分為兩大模式，即理想型 (ideal mode) 與電荷分配型 (charge-sharing mode)；前者適用於界面品質良好之 MIS 電容，而後者則適用於界面品質較差者。其最大之差異在於讀取信號時是否將儲存於 MIS 電容中之所有少數載體完全注入基板中；若完全注入即為理想型，反之則為電荷分配型。這些不被移走之少數載體一般稱之為偏壓電荷 (bias charge)；由於偏壓電荷之存在，會把 SiO_2 / (p)Si 界面能階填滿，不再參與載體放射或捕捉，如此將可大幅改善傳輸損耗與儲存容量等問題，因而一般界面品質較差之 MIS 電容會採用電荷分配模式來操作 CID。雖然此二讀取法有不同的適用範圍，但操作方式卻完全一樣。

圖 7.18 左邊展示以 n 型半導體基板製成之單閘 MIS 電容之能帶圖，表示操作過程中之元件偏壓狀態。右邊則相對於左側能帶圖之電位高低和電荷儲存狀態以電位井示意圖表示之。圖 7.18 (a) 展示元件之待命情形 (stand-by)，我們將其逆偏至強反轉 (strong inversion) 狀態，並使閘極偏壓超過強反轉之臨界電壓少許，以保有少量反轉電荷於位能井中，即為偏壓電荷；由於偏壓電荷在整個操作過程中一直存在，且總量不變，故不會影響量測結果。當元件要進行偵測光信號時，外界必須提供瞬間之逆偏脈衝，逼使元件進入深度空乏狀態，如圖 7.18(b) 所示。此時元件本身處於非熱平衡狀態，而必須靠熱產生步驟，或其它方式產生少數載子，填補深度空乏之位能井，以回復熱平衡狀態。在沒有外在擾動下，此一少數載體熱產生步驟應甚緩慢；因此若在此時有一外在光源照射元件，提供光激載體 (photo-excited carriers) 填入位能井中，則位能井中之少數載體積存量將正比於光源之強弱，如圖 7.18(c) 所示。一段時間後，若將所加之逆偏脈衝還原，則原先積存於位能井中之反轉載體將因偏壓之消失而往基板中擴散，並逐步與基板中之多數載子復合消滅，此即電荷注入之動作，如圖 7.18(d) 所示。少數載體被擠出位能井時可在閘極端引發位移電流 (displacemet current) 之流動，以便

經由外電路維持電中性，因此我們可以在閘極端用簡單的積分電路量測到原先儲存於位能井中之少數載體的數目，並由此找出入射光之強弱，此即 CID 進行光偵測之原理。注入動作完成後，元件偏壓已回復到圖 7.18(a) 所示之待命狀態，可以等待進行下一次信號讀取任務，如此即完成一個完整的讀取過程。

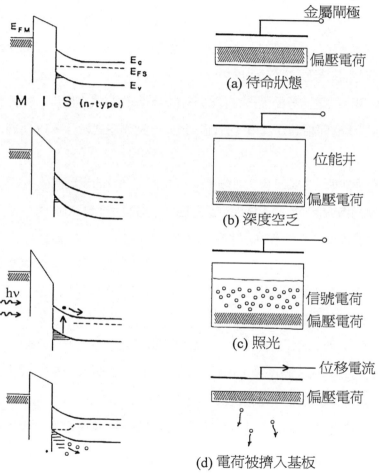

圖 7.18　以 n 型半導體基板製成之單閘 MIS 電容，用 CID 之電荷分配型讀取方式操作的詳細步驟。左圖為帶圖之變化，右圖為位能井深及內含電荷之變化。

但此種單閘 MIS 電容只能用於單顆元件或一維線性陣列等方面之應用；二維平面陣列之單位元件則為相互耦合之雙閘極 MIS 電容。由前述操作方式可知：對單閘 CID 而言，要讀出某顆元件之訊號，只須對其進行一次注入動作即可，亦即選取元件之動件直接對應於元件之注入動作；而平面陣列中要選取某顆元件，則必須要指明某行、某列才能為該元件定址，亦即該顆元件均必須經由行列方向的選擇動作(即一共兩次注入動作)，才可釋出信號，否則將有一整行(或一整列)之信號釋出無法分辨出來，這就是為何平面陣列要用耦合之雙閘元件為單位元件之原因。圖 7.19 以位能井示意圖表示雙閘 CID 以電荷分配模式工作的一種典型操作方式之原理，由此也可以清楚地了解為何稱其為 "電荷分配" 模式。動作序列如圖 7.19 所展示分述如下：

(a) 待命狀態，左閘 +10V 右閘 +5V 各自保有各自的偏壓電荷，

(b) 雙閘均加 +15V 進入深度空乏狀態，準備積存光激載體，

(c) 照光後積存光激載體之狀態，

(d) 選擇某行，將電壓降為 +10V，此時尚未有任何信號載體脫離此雙閘極電容之位能井範圍，但此時先作一次信號取樣，以便在右閘注入電壓改變後，量測信號變化量，

(e) 選擇某列，將電壓降為 +5V，此時信號載體才被注入基板中，

(f) 右閘完成注入動作後，偏壓還原至 +15V，此時 (d) 與 (f) 圖中左閘位能井內之少數載體變化量即正比於入射光強度。

完成上述動作後，即可回到 (a) 或 (b) 之狀態，準備進行下一次光偵測任務。

由於 CID 之讀取操作模式屬隨機存取模式，它不但僅有一次的電荷轉移動作，而且也提供較有彈性的信號處理功能。對於沒有良好的氧化層與半導體界面的大部分III-V 和 II-IV 化合物半導體材料而言，較少的電荷轉移動

作將帶來較少的電荷轉移損耗,同時帶來較高的轉移效率 (transfer efficiency),這就是 CID 較適用於界面品質較差之材料系統的主因。而且隨機存取型式之操作方式也提供較簡單的時序控制方式,這意謂著與 CCD 相較之下,CID 可以擁有較簡單的結構以及較高的元件密度。

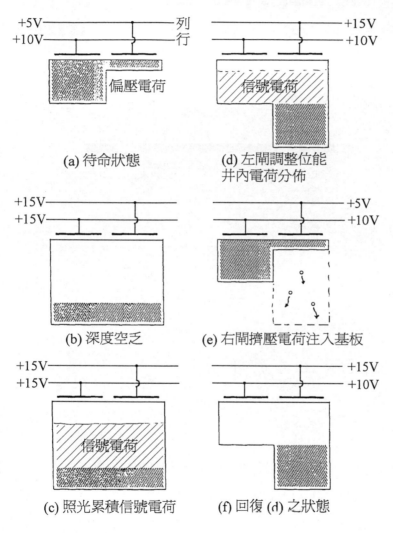

(a) 待命狀態

(d) 左閘調整位能井內電荷分佈

(b) 深度空乏

(e) 右閘擠壓電荷注入基板

(c) 照光累積信號電荷

(f) 回復 (d) 之狀態

圖 7.19 以位能井示意圖表示雙閘 CID 以電荷分配模式工作的一種典型操作方式。

第八章 絕緣閘極場效電晶體

如圖 8.1 所示，將 MIS 結構兩端攙雜成 n⁺ 區則形成一個絕緣閘極場效電晶體(IGFET, Insulated-Gate Field Effect Transistor)。這元件與 MIS 結構最大的不同在於加了兩個電極 (源極及汲極)，矽表面可以長期處在不平衡狀態，茲說明如后。

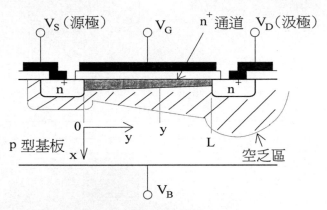

圖 8.1　n 型通道 IGFET 的結構。

8.1　元件工作原理

8.1.1　不平衡分析

首先在 p 型基板加以偏壓 V_B，則當閘極加以電壓 V_G 時，會有$V_G\text{-}V_B\text{-}V_{FB}$ 的電位落在絕緣層及矽表空乏區上，其中 V_{FB} 為平帶電壓。由於通過氧化層電流極小，佛米能階在矽中幾乎是平的。當 V_G 愈來愈正時，在矽表面會逐漸創造出一 n 型區出來，若在汲極加一正電壓 V_D，則電壓會沿 n 型區傳遞到源極，其兩度空間帶圖展示於圖 8.2(a) 中。落在 n 型區某一處 y 的電壓 $V_C(y)$ 與基板偏壓 V_B 好像是在逆向偏壓 n 型區與 p 型基板的 np 接面，其帶圖顯示於圖 8.2(b) 中。此時表面與基板內不再是平衡狀態，佛米能階開始分裂，有很小的電子流 (電洞流) 流向 Si/SiO$_2$ 介面 (基板內)，再經由 n$^+$ 汲極 (基板) 接點流出到外面電路。

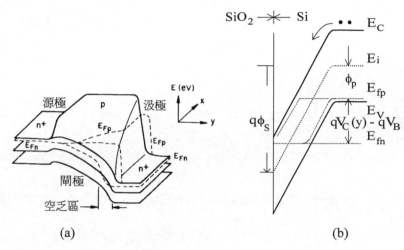

(a)   (b)

圖 8.2　IGFET 的能帶圖：(a)2D 帶圖，(b) 在某一 y 位置沿 x 方向的一度空間帶圖。(錄自：H. C. Pao and C. T. Sah, IEEE Trans. Electron Devices, ED-12, 139, 1965)

　　此時空乏區寬度 $W(y)$ 在 V_G 不斷增加而導致矽表面出現反轉層時，可達到最大寬度 $W_{max}(y)$

$$W_{max}(y) = \sqrt{\frac{2 \in_S}{qN_A} \phi_S} = \sqrt{\frac{2 \in_S}{qN_A}(V_C(y) - V_B + 2\phi_p)} \qquad (8.1)$$

儲存電荷 $Q_d(y)$

$$Q_d(y) = -\sqrt{2 \in_S qN_A(V_C(y) - V_B + 2\phi_p)} \qquad (8.2)$$

為在 y 處產生強反轉層之閘極電壓 $V_T(y)$ 必須滿足

$$V_T(y)\text{-}V_{FB}\text{-}V_B = V_C(y)\text{-}V_B + 2\phi_p + \frac{1}{C_i}\sqrt{2\in_s qN_A(2\phi_p + V_C(y) - V_B)} \quad (8.3)$$

亦即

$$V_T(y) = V_{FB} + V_C(y) + 2\phi_p + \frac{1}{C_i}\sqrt{2\in_s qN_A(2\phi_p + V_C(y) - V_B)} \quad (8.4)$$

當實際偏壓 $V_G > V_T(y)$ 時,在 y 處反轉層之電子密度 $Q_n(y)(/cm^2)$ 為

$$Q_n(y) = -C_i(V_G - V_{FB} - V_B - \phi_S) - Q_d = -C_i(V_G - V_T(y)) \quad (8.5)$$

其中表面電位 $\phi_S = V_C(y) - V_B + 2\phi_p$。

8.1.2　電流電壓特性(Distributed analysis)

　　為分析 IGFET 的電流電壓特性,我們仍然用通道漸改 (gradual-channel) 的假設 $\left|\dfrac{\partial V}{\partial y}\right| << \left|\dfrac{\partial V}{\partial x}\right|$,因此在閘極下之電子密度及空乏區寬度可由類似第七章對 MIS 元件之分析方法而求得。此時強反轉層內的導電電子為多數載體,在沿電流的其 y 方向分佈有一梯度,但不必考慮擴散電流 J_n (diff),因為如同第二章所討論,擴散電流通常造成空間電場 (space-charge field),對多數載體而言足以產生抗衡之遷移電流,其淨效應是只要考慮"外加電場"所導致之遷移電流 I_D 即可。

　　考慮在 y 處之外加電壓為 $V_C(y)$,則 I_D 與 dV_C/dy 之關係為

$$I_D = \int \rho_n(x,y)\mu_n \left|\frac{dV_C}{dy}\right| Wdx = -Q_n(y)W\mu_n\frac{dV_C}{dy} \quad (8.6)$$

此處 W 為閘極之寬度,μ_n 為電子的移動率 (mobility)。自由電子濃度 $\rho_n(x, y)$ 只有在表面很窄的反轉層才很大,假設在此區域內 dV_C/dy 與 x 無關,則 dV_C/dy 可拿出積分項而得 (8.6) 式。由上節之討論 (8.5) 式知

$$Q_n(y) = -C_i(V_G - V_{FB} - V_C(y) - 2\phi_p) + \sqrt{2 \in_S qN_A(2\phi_p + V_C(y) - V_B)} \quad (8.7)$$

將 (8.6) 式積分

$$I_D\int_0^L dy = -\mu_n W \int_{V_s}^{V_D} Q_n(y)dV_C \qquad (8.8)$$

得

$$I_D = \mu_n\frac{W}{L}\{C_i[V_G - V_{FB} - 2\phi_p - \frac{1}{2}(V_D + V_S)](V_D - V_S) - \frac{2}{3}\sqrt{2\in_S qN_A}[(2\phi_p + $$

$$V_D - V_B)^{3/2} - (2\phi_p + V_S - V_B)^{3/2}]\} \qquad (8.9)$$

只要整個通道均有反轉電荷存在，則上式成立。

當在汲極之電壓 V_D 大到某一程度使通道截止，反轉電荷消失，則如同 JFET 一樣，電流開始飽合，前面公式不再適用。此時電壓定義為飽合電壓 V_{Dsat}，由 (8.4) 式可得

$$V_G = V_T(L) = V_{FB} + 2\phi_p + V_{Dsat} + \frac{1}{C_i}\sqrt{2\in_S qN_A(2\phi_p + V_{Dsat} - V_B)} \quad (8.10)$$

解得

$$V_{Dsat} = V_G - V_{FB} - 2\phi_p + K^2\left[1 - \sqrt{1 + \frac{2}{K^2}(V_G - V_{FB} - V_B)}\right] \qquad (8.11)$$

其中的 $K = \sqrt{\in_s qN_A}/C_i$。在基板摻雜很低時 $(N_A \approx 10^{15}/cm^3)$ 或氧化層厚度 d 很薄時 $(d \leq 500Å)$，可以計算得 $C_i = \in_i/d \geq 7\times10^{-8}$，$K \leq 0.17$，此時的 V_{Dsat} 可簡化為

$$V_{Dsat} \approx V_G - V_{FB} - 2\phi_p - K\sqrt{V_1} \qquad (8.12)$$

其中的 $V_1 = 2(V_G - V_{FB} - V_B)$。定義在源極附近之截止電壓 $V_T(0)$ 為 IGFET 元件之截止電壓 V_T，則

$$V_T = V_{FB} + 2\phi_p + V_S + \frac{1}{C_i}\sqrt{2q\in_s N_A(2\phi_p + V_S - V_B)} = V_{FB} + 2\phi_p + V_S + K\sqrt{V_2}$$

$$(8.13)$$

其中的 $V_2 = 2(2\phi_p + V_S - V_B)$。因此，我們可得如下的近似值

$$V_{Dsat} \approx V_G - V_T + V_S + K\left(\sqrt{V_2} - \sqrt{V_1}\right) \tag{8.14}$$

代入 I_D 得汲極飽合電流 I_{Dsat} 為

$$I_{Dsat} = \frac{\mu_n WC_i}{2L}\left\{\left[(V_G - V_T)^2 + 2K\sqrt{V_2}(V_G - V_T) + K^2(V_2 - V_1) - \frac{2K}{3}\right] \times\right.$$

$$\left.[(V_1 - 2K\sqrt{V_1})^{3/2} - V_2^{3/2}]\right\}$$

$$\approx \frac{\mu_n WC_i}{2L}\left[(V_G - V_T)^2 + 2K\left(\sqrt{V_2} - K\right)(V_G - V_T)\right] \tag{8.15}$$

其中 K^2 以上的項均忽略。在一般模型中，當 V_G-V_T 很大時，只取第一項得

$$I_{Dsat} \approx K'\frac{W}{L}(V_G - V_T)^2 \tag{8.16}$$

其中的 $K' \approx \frac{\mu_n C_i}{2}$。而轉移電導 (transconductance) g_m 為

$$g_m = \frac{\partial I_D}{\partial V_G}\bigg|_{V_D > V_{Dsat}} = 2K'\frac{W}{L}(V_G - V_T) \tag{8.17}$$

在共源極 I-V 特性的線性區內，當 $V_S = V_B$，且汲源極電壓差 V_{DS} 很小時，即 $V_D - V_S = V_D - V_B = V_{DS} \ll 2\phi_p$ 時，汲極電流 I_D 可由 (8.9) 式簡化為

$$I_D = \frac{W}{L}\mu_n\left\{C_i\left[\left(V_G - V_T + V_S + \sqrt{2}K(2\phi_p)^{1/2} - \frac{1}{2}(V_D + V_S)\right)V_{DS}\right.\right.$$

$$\left.\left. - \frac{2\sqrt{2}}{3}K\left[(2\phi_p + V_{DS})^{3/2} - (2\phi_p)^{3/2}\right]\right]\right\}$$

$$= \frac{W}{L}\mu_n C_i\left[(V_G - V_T)V_{DS} - \left(\frac{1}{2} + \frac{\sqrt{\epsilon_s qN_A / \phi_p}}{4C_i}\right)V_{DS}^2\right]$$

$$\approx \frac{W}{L}\mu_n C_i(V_G - V_T)V_{DS} \tag{8.18}$$

定義通道電導為 g_D，則

$$g_D = \frac{\partial I_D}{\partial V_{DS}}\bigg|_{V_G = const} = \frac{W}{L}\mu_n C_i(V_G - V_T) \tag{8.19}$$

與 V_{DS} 無關。

　　在實驗上如何求 V_T 呢？可連接如圖 8.3 (a) 所示的電路，閘極及汲極短路。當 V_G - V_T 大時，$\sqrt{I_D} \propto V_G - V_T$ ，故由實驗所量得的 $\sqrt{I_D}$ 對 V_G (V_D) 作圖，如圖 8.3(b) 點線所示，用外差法即可得 V_T。

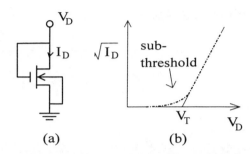

(a)   (b)

圖 8.3　實驗上求 V_T 的方法：(a) 受測試元件連接的電路圖，

(b) 由電流的開方根值與電壓關係求出 V_T。

8.2　實際元件之行為

8.2.1　氧化層崩潰 (Oxide breakdown)

　　即使是長得很好的 SiO_2 通常在其上所加的電場高到 $7 \times 10^6 \, V/cm$ 以上時仍會崩潰而完全損壞掉，因此在 MOS 元件閘極上所加的電壓必須要有限制。在 VLSI 電路中氧化層厚度小於 $250 \overset{\circ}{A}$，故所加最大電壓 V_B 不可超過 17.5 V。但事實上氧化層中會有弱點 (weak spot) 存在，比較容易被打穿，因此 V_B 通常要小於上值之一半以上 (< 9V)。通常單獨包裝好的 MOS 元件，其閘極金屬接線暴露在外，上面累積之靜電荷很容易把氧化層打穿，故為保護元件，閘極接腳必須與其他電極用金屬圈短路，內部則有時加一保護之 pn Zener 接面，但加了 pn 接面後，速度變慢而且產生較大的漏電流，輸入特性變差，故非必要時不用。

8.2.2　移動率(Mobility)

　　IGFET 之表現與移動率 μ_n 成正比，這也是用 n 通道 (n-channel) 比 p 通道 (p-channel) 要好的地方，由於反轉層電子是在不規則之 Si/SiO$_2$ 介面附近運動，其移動率可稱為表面移動率，比体內要小。

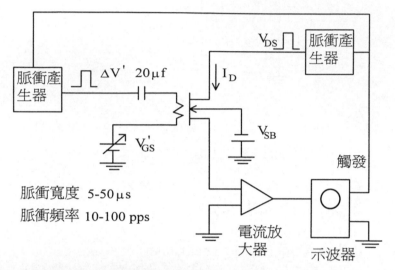

圖 8.4　測量 IGFET 電流電壓特性曲線的實驗設備。(摘自：R.W.Coen and R.S.Muller, Solid-State Electronics, Vol.23,35,1980)

　　圖 8.4 是測量遷移速度 v_d 的實驗設備，其中測量最困難之處，在於沿通道反轉層之厚度不均，電子與表面的距離不同，受到表面散射之速率也不一樣，故量出的移動率僅為平均值。如果將閘極做成電阻狀，則電壓在閘極上產生壓降與通道上壓降平衡，導致反轉層厚度在整個通道都是一定，則可去除上面所提的困難。而實驗結果如圖 8.5 所示，沿 y 方向之 μ_{eff} 也受到閘極電壓或沿 x 方向之電場 $\mathcal{E}_x$ 的影響。$\mathcal{E}_x$ 愈大（反轉愈厲害），電子之分佈愈接近 Si/SiO$_2$ 介面，則電子受散射愈厲害，μ_{eff} 愈低。而沿 y 方向之電場 $\mathcal{E}_y$ 也會造成飽合效應，故電子之遷移速度 v_d 滿足實驗公式

$$v_d = \frac{\overline{\mu}\mathcal{E}_y}{\left[1+\left(\mathcal{E}_y/\mathcal{E}_{cy}\right)^{\alpha}\right]^{1/\alpha}}$$ (8.20)

其中的

$$\overline{\mu} = \frac{\mu_o}{1+\mathcal{E}_x(y)/\mathcal{E}_{cx}}$$ (8.21)

μ_0, $\mathcal{E}_{cy}$, $\mathcal{E}_{cx}$ 是可調整參數 (fitting parameter)。

〔問題〕速度飽合對 IGFET 之行為 $\left(I_d \text{ vs } V_d\right)$ 有何影響？

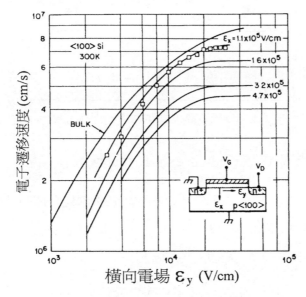

圖 8.5　IGFET 的遷移速度與 $\mathcal{E}_y$ 的關係，其中 $\mathcal{E}_x$ 也在改變。(錄自：J. A.

Cooper and D. F. Nelson, IEEE Divice Res. Conf. June 23,1980)

8.2.3　通道長度的變化

當汲極電壓 V_D 大於飽合電壓 V_{Dsat} 後，如同 JFET (或 MESFET)通道

長度 L 會縮短成 L'，如圖 8.6 所示，使得汲極電流 I_D 上升。此時在 L' 與 L

之間由於爲兩度空間傳導問題效應變得很複雜，一般用數值方法，或用一些
實驗模型來求解，

$$I_{Dsat} = K' \frac{W}{L}(V_G - V_T)^2(1 + \ell V_{DS}) \tag{8.22}$$

ℓ 爲可調整參數。當元件用到電路中做數值模擬時，最好找一實驗公式做模
型以減少計算時間及誤差。

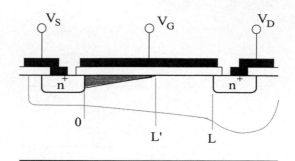

圖 8.6　IGFET 進入飽和區之元件側面圖。

8.2.4 次臨界電流(Subthreshold current)

當閘極電壓小於 V_T 時，半導體表面處在弱反轉區,此時汲極所流之電
流叫次臨界電流 (subthreshold current)。當 IGFET 用做低電壓，低功率之開
關或記憶裝置時這個電流扮演重要角色，因爲它決定了開關及記憶裝置漏電
之快慢。

由於電子濃度仍大於電洞濃度，故理論上仍然用遷移 (drift) 過程來描述
電流。因爲表面電場強度

$$\mathcal{E}_s = \frac{\sqrt{2}kT}{q\sqrt{\frac{kT \epsilon_s}{q^2 N_A}}} \ F\left(\beta\phi_s \ , \ \frac{n_{po}}{p_{po}}\right) \tag{8.23}$$

其中的

$$F\left(\beta\phi_S \ , \ \frac{n_{po}}{p_{po}}\right) \approx \left[\frac{n_{po}}{p_{po}}e^{\beta\phi_S} + \beta\phi_S - 1\right]^{1/2} \tag{8.24}$$

又 $N_A = p_{no} = n_{po}\exp(2\beta\phi_p)$，所以總電荷密度 Q_S 為

$$Q_S \approx -\in_S \mathcal{E}_S = -\sqrt{2q \in_S N_A} \times \left[(\phi_s - \frac{kT}{q}) + \frac{kT}{q}e^{\beta(\phi_s - 2\phi_p)}\right]^{1/2} \tag{8.25}$$

游離之受體電荷 Q_d 為

$$Q_d \approx -\sqrt{2q \in_S N_A(\phi_s - \frac{kT}{q})} \tag{8.26}$$

故自由電子濃度 $Q_n = Q_s - Q_d$

$$Q_n = -\sqrt{2q \in_S N_A} \times \left\{\left[(\phi_s - \frac{kT}{q}) + \frac{kT}{q}e^{\beta(\phi_s - 2\phi_p)}\right]^{1/2} - (\phi_s - \frac{kT}{q})^{1/2}\right\}$$

$$\approx -\frac{kT}{2q}\sqrt{\frac{2q \in_S N_A}{\phi_s - kT/q}} \ \exp[\beta(\phi_s - 2\phi_p)] \tag{8.27}$$

與表面電位成指數之關係。通道若有電壓 $V_c(y)$ 存在，則上式根號中之 ϕ_S 應改為真正表面電位 ϕ_s'，$\phi_s' = \phi_s + V_c$，並把 kT/q 省略掉；指數中之 ϕ_s 則改為 $\phi_s' - V_c$，公式如下

$$Q_n = -\frac{kT}{2q}\sqrt{\frac{2q \in_S NA}{\phi_s'}}e^{\beta(\phi_s' - V_c - 2\phi_p)} \tag{8.28}$$

而 ϕ_s' 與 V_G 之關係在 $\phi_S < 2\phi_p$ 及 $V_B = V_S = 0$ 時為

$$V_G - V_{FB} - \phi_S' \approx \frac{1}{C_i}\sqrt{2q \in_S N_A\phi_S'} \tag{8.29}$$

解得

$$\phi_S' = V_G - V_{FB} - \frac{q \in_S N_A}{C_i^2}\left[\sqrt{1 + \frac{2C_i^2(V_G - V_{FB})}{q \in_S N_A}} - 1\right] \qquad (8.30)$$

故令 $V_S = V_B = 0$，

$$I_D \int_0^L dy = -\mu_n W \int_0^{V_D} Q_n(y) dV_C$$

把 (8.29) 式中根號 $\sqrt{\dfrac{2q \in_S N_A}{\phi_S + V_C}}$ 項中之 ϕ_S 以 $2\phi_p$ 取代，則可得次臨界電流 I_D 為

$$I_D = \frac{W}{L}\mu_n \frac{kT}{2q}\sqrt{2q \in_S N_A}\; e^{\beta(\phi_s' - 2\phi_p)} \int_0^{V_D} \frac{e^{-\beta V_C}}{\sqrt{2\phi_p + V_C}} dV_C$$

$$= \frac{(kT)^2}{2q^2}\frac{W}{L}\mu_n \sqrt{\frac{q \in_S N_A}{\phi_p}}(1 - e^{-\beta V_D})\; e^{\beta(\phi_s' - 2\phi_p)} \qquad (8.31)$$

其中積分項之值只有 V_C 趨近零時才會很大，因此分母可忽略 V_C 項，而得 (8.31) 式之結果。將 (8.30) 式 ϕ_s' 之表示法代入 (8.31) 式可得 I_D 是 V_G 之指數函數。而在汲極電壓 $V_D \geq 3kT$ 後，I_D 與 V_D 無關。在實際電路中將 V_G 偏壓在臨界電壓 V_T 以下 0.5 伏，即可把次臨界電流降到很小。

8.2.5 短通道效應(Short channel effect)

前面所推導的公式都是假設在 Si 表面，空乏區之電荷只與閘極及基板之電壓差有關，事實上在源極及汲極附近，pn 接面之空乏區也會影響到表面空間電荷。當通道長度遠比 pn 接面空乏區長度要長時，所引起之誤差很小，但當通道長度愈來愈短時，就會引起極大誤差。基本上此時電場分佈要考慮兩度空間效應，$\varepsilon_x \gg \varepsilon_y$ 不再成立。

短通道之缺點很多，例如同樣的汲極電壓下，通道內電場較強，電子很容易達到飽合速度，轉移電導 g_m 下降。高電場在汲極很容易產生乘積 (multiplication) 作用，造成基板電流及 npn 電晶體作用。而熱電子有機會注入氧化層，形成氧化層電荷造成 V_T 改變。故在元件設計時，即使通道尺寸很小也要儘量減少或消除短通道效應，以造成電性仍類似長通道的特性。

如何定義長短通道之界線呢？對於長通道元件，其他參數一定，只變化 L 則由(8.16) 式飽和電流與 L 成反比可得 $I_{Dsat} = k / L$。因此以 I_D 對 1/L 作圖，當實際電流 I_D 偏離 k/L 之直線達 10%，即可定義短通道效應開始生效。由實驗及 2D 模擬所整理出來的一道經驗公式區分長短通道如下

$$L_{min} = 0.41\left[r_j d\left(W_S + W_D \right)^2 \right]^{\frac{1}{3}} \tag{8.32}$$

d 為氧化層厚度，單位為 $\overset{\circ}{A}$，r_j 為 n^+ 源（汲）極之深度，單位為 μm；$W_S(W_D)$ 為源（汲）極之空乏區寬度，單位為 μm，

$$W_S = \sqrt{\frac{2 \in_S}{qN_A}\left(V_S + V_{bi} - V_B \right)} \quad , \quad W_D = \sqrt{\frac{2 \in_S}{qN_A}\left(V_D + V_{bi} - V_B \right)} \tag{8.33}$$

當通道長度 $L > L_{min}$ 為長通道，$L < L_{min}$ 為短通道。

如圖 8.7 所示，當汲源極電壓 $V_D = V_S$，且強反轉層已形成，通道任一點之電壓 $V_C(y) = V_D$，故空乏區寬度到達最大值 W_{max} 且處處相同。由閘極電壓所誘導生成之電荷 Q_d 為

$$Q_d = qN_A \, W_{max} \, W \frac{L + L_1}{2} \tag{8.34}$$

其中 W 為閘極寬度。當短通道效應出現時 $L_1 << L$，遠小於 $L_1 = L$ 時之誘發生成電荷 $Q_{do} = qW_{max}N_AWL$。由幾何作圖可以解出 $\dfrac{L - L_1}{2}$ 之大小

$$\frac{L - L_1}{2} = r_j \left(\sqrt{1 + \frac{2W_{max}}{r_j}} - 1 \right) \tag{8.35}$$

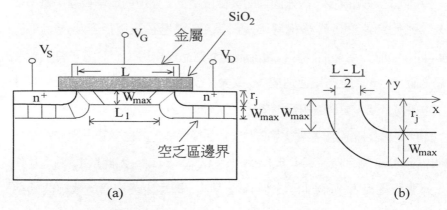

圖 8.7　(a) 短通道元件側面圖，(b) 由幾何結構解出 L_1 之大小。

故定義

$$f \equiv \frac{Q_d}{Q_{do}} = \frac{L + L_1}{2L} = 1 - \frac{L - L_1}{2L} = 1 - \frac{r_j}{L}\left(\sqrt{1 + \frac{2W_{max}}{r_j}} - 1\right) \qquad (8.36)$$

截止電壓 V_T 減少爲

$$V_T = V_{FB} + 2\phi_p + V_S + \frac{f|Q_{do}|}{C_i}$$

$$= V_{FB} + 2\phi_p + V_S + \frac{f}{C_i}\sqrt{2 \in_S qN_A(2\phi_p + V_S - V_B)} \qquad (8.37)$$

現用一例子來說明，例如 $r_j = 0.5$　μm,　$V_S - V_B = 5$　V,　$N_A = 10^{15}/cm^3$ ，則

$$W_{max} = \sqrt{\frac{2 \in_S}{qN_A}(V_{bi} + V_S - V_B)} \quad = 3 \ \mu m$$ ，而 $L = 3 \ \mu m$ ，可得 f=0.57，

也就是即使閘極長度有 3 μm ，由閘極控制之電荷數目仍受到汲極及源極很

大的影響。

8.3 元件縮小原理(Scaling principle)

　　為增加 IC 內電子元件之密度，元件之寸必須縮小，但縮小之基本目標是仍然要保留元件原來的特性。最原始之縮小原則是將元件所有尺寸縮小 S 倍(S>1)，為保持內部電場為定值，工作電壓也要降低 S 倍。元件所有尺寸包括氧化層厚度 t_{ox}。閘極長度 (L)、寬度 (W) 及接面深度 (x_j) 均要縮小，這叫做定電場縮小規則。但通常在實際狀況下，電壓無法直接比照尺寸之縮小而降低，比如 5 伏之標準電壓直到元件閘極長度縮小到 0.8 μm 仍然適用。因此假設電壓只降低了 k 倍 (k>1)，為保持元件內電位之分佈形狀不變（大小可能差一常數），則元件參數必須做如下之變化：

1. 摻雜必須改為 S^2/k 倍

　　這可由 Poisson 方程式看出

$$\nabla_r^{\,2}\phi = -\frac{q}{\epsilon_S}\left(N_D - N_A\right) \tag{8.38}$$

當電位下降 k 倍 $\phi' = \phi/k$ ，距離縮小 S 倍 $r' = r/S$，則 (8.38) 式改用 ϕ' 及 r'，可得

$$\nabla_{r'}^{\,2}\frac{\left(k\phi'\right)}{S^2} = -\frac{q}{\epsilon_S}\left(N_D - N_A\right) \tag{8.39}$$

或

$$\nabla_{r'}^{\,2}\phi' = -\frac{q}{\epsilon_S}\left[\frac{S^2}{k}\left(N_D - N_A\right)\right] = -\frac{q}{\epsilon_S}\left(N_D{}' - N_A{}'\right) \tag{8.40}$$

其中的

$$N_D{}' = \frac{S^2}{k}N_D \quad , \quad N_A{}' = \frac{S^2}{k}N_A \tag{8.41}$$

$\phi'(r')$ 與 $\phi(r)$ 之型式完全一樣，但大小可能差一常數，而電場強度正比於 V/L，故增加 S/k 倍。

2. 汲極電流 $I_D = -Q_n(y)W\mu_n \dfrac{dV_C}{dy} = -C_i(V_G - V_T)W\mu_n \dfrac{dV_C}{dy} \propto \dfrac{S}{k}\dfrac{1}{S}\dfrac{S}{k} = \dfrac{S}{k^2}$

3. 電容 $C = \dfrac{\epsilon A}{d} \propto \dfrac{1}{S}$

4. 延遲時間 (delay time) $\tau = \dfrac{VC}{I} = \dfrac{Q}{I} \propto \dfrac{k}{S^2}$

5. 消耗功率 (power dissapation) $= VI \propto \dfrac{S}{k^3}$

6. 功率延遲時間乘積 (power delay product) $= VI\dfrac{VC}{I} = \dfrac{1}{Sk^2}$

7. 功率密度 $= \dfrac{P}{A} \propto \dfrac{S^3}{k^3}$

8. 電流密度 $= \dfrac{I}{A} \propto \dfrac{S^3}{k^2}$

在做元件尺寸縮小的設計時，電流密度必須小於 $10^5 A/cm^2$ 以避免金屬導線產生電荷移位 (electromigration) 的現象。

8.4　IGFET 等效電路與速度響應

圖 8.8(a) 顯示—IGFET 用等效電路來表示時，各電路元件來源之示意圖。$C_{RS}(C_{RD})$ 是對不準而造成閘源(汲)極之重疊電容，閘極與通道之電容分爲 C_{GS} 及 C_{GD}。在飽合狀態下，因爲幾乎沒有電力線連接閘汲極，故 $C_{GD} = 0$ 而 $C_{GS} \approx \dfrac{2}{3}C_i$。電流產生器在小信號模型時用 $g_m V_G$ 來代表，而在

大信號瞬間反應時，可用前面導出之 I_D 公式作為電流產生器，故若

$V_S = V_B$ ，則 IGFET 在共源極操作下的等效電路可畫成如圖 8.8(b) 所示。

　　截止頻率 f_T (cut off frequency) 定義為流過輸入電容 C_{in} 之電流 $\omega C_{in} V_{GS}$

降為 $g_m V_{GS}$ 時之頻率，故由 $\omega C_{in} = g_m$ 得

$$f_T = \frac{g_m}{2\pi C_{in}} = \frac{\mu_n C_i}{2\pi} \frac{W}{L} \frac{(V_G - V_T)}{C_i WL} = \frac{\mu_n (V_G - V_T)}{2\pi L^2} = \frac{1}{2\pi\tau} \quad (8.42)$$

定義電子通過時間 (transit time) τ 為

$$\tau = \frac{L^2}{\mu_n (V_G - V_T)} \left(\approx \frac{L}{v_S} \right) \quad (8.43)$$

v_S 為電子遷移速度。

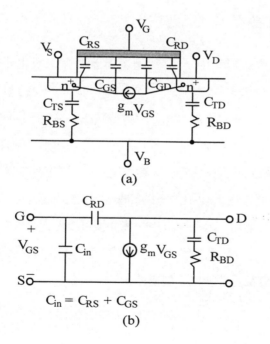

圖 8.8　IGFET 的 (a) 電路元件來源示意圖，(b) 等效電路。

〔例〕 $L = 10 \ \mu m$ ， $\mu_n = 600 \ \ cm^2\!/\!V - sec$ ， $V_G - V_T = 5V$

$$\tau = \frac{10^{-6}}{600 \ x \ 5} = 3.3 \ x \ 10^{-10} \ \ sec = 0.33 \ ns$$

遠快於一般實際所用 IGFET 之交換速度，這表示實際的 IGFET 之高頻表現完全受外在雜散電容電阻之限制。

8.5 MOSFET 技術的演進

8.5.1 為何要發展 MOSFET？

MOSFET 是 IGFET 中一個特例，絕緣層是用二氧化矽。發展 MOSFET 的主要因素有三：第一，MOSFET 主要是利用在 Si/SiO$_2$ 介面很窄範圍內反轉層的載體流動來傳導電流，沒有少數載體注入基板的問題。因此不需要用離子佈植或擴散方式來隔離元件，元件尺寸可以縮小，適宜做大規模的積體電路，製程有較大的良率。第二，製作簡單，一次擴散或離子佈植就夠了，不需要用埋藏層，在大型積體電路的設計中佔很大優勢。第三，MOSFET 本身可當負載電阻用，因此用很小一塊面積可以做出很大的電阻，比在雙極 (bipolar) 技術中用擴散電阻節省很多面積。但是它也有缺點，就是電壓的增益及元件的速度都比雙極電晶體要差。

8.5.2 技術的演進

8.5.2.1 PMOS 及 NMOS 之選擇

最初之 MOSFET 積體電路技術是由雙極積體電路 (bipolar IC) 改進而來。雖然在理論上 n 通道 (n-channel) MOSFET 是由電子來導電要比 p 通道 (p-channel) 由電洞來導電的表現要好，但 IC 廠商最先發展的仍是 p 通道 MOSFET，簡稱為 PMOS。最主要的理由是早期的 MOSFET 中氧化層電荷太多，很難控制，而 PMOS 比較不受影響之故，其理由如下：要成功的設計一個好的 IC，必須要能隨電路的需要而製出空乏型 (depletion) 或增強型 (enhancement-mode) FET。對大部分應用而言，為減少 MOSFET 在工作點之功率損失，最好在信號輸入前，元件處在截止區，沒有電流流通，故自然以增強型 MOSFET 較好。因此對 PMOS 而言，其截止電壓 V_T 要小於零，對 NMOS 而言，V_T 要大於 0。也就是當閘極不加輸入 $V_G = 0$ 時，不論 PMOS 或 NMOS 都處在截止狀態，沒有消耗功率。這容不容易達成呢？考慮 $V_S = 0 = V_B$，對 NMOS 而言臨界電壓 V_T 及平帶電壓 V_{FB} 與氧化層電荷 Q_{ox} 及介面電荷 Q_{ss} 之關係如下：

$$V_T = V_{FB} + 2\phi_p + \frac{|Q_d|}{C_{ox}} \tag{8.44}$$

$$V_{FB} = \phi_{ms} - \frac{\bar{x}Q_{ox}}{\epsilon_{ox}} - \frac{dQ_{ss}}{\epsilon_{ox}} \tag{8.45}$$

對金屬鋁閘極及 p 型矽基板而言，工作函數之差 $\phi_{ms} = -0.9V$，但對 PMOS 的 n 型矽基板而言，$\phi_{ms} = -0.3V$。

PMOS 的臨界電壓 V_T 可表示為

$$V_T = V_{FB} - 2\phi_n - \frac{|Q_d|}{C_{ox}} \tag{8.46}$$

由於氧化層捕捉電荷多為正值，故平帶電壓 V_{FB} 對 PMOS 及 NMOS 均為負值。因此 PMOS 之 V_T 保證為負值，可滿足要求。但 NMOS 之 V_T 要成為正

值，則 $2\phi_p + \dfrac{|Q_d|}{C_{ox}}$ 之值必須大於 V_{FB} 一定量，這限制了基板摻雜 N_A 之最低量。下面用一個例子來說明：

〔例〕若介面電荷密度 $\dfrac{Q_{ss}}{q} = 10^{11}/cm^2$ ，氧化層厚度d=1000 Å ，則平帶電壓

$$V_{FB} = -0.9 - \frac{10^{-5} \times 10^{11} \times 1.6 \times 10^{-19}}{3.5 \times 10^{-13}} = -1.36 \text{ V}$$

$$\phi_p = \frac{kT}{q} l_n \left(\frac{N_A}{n_i} \right) \text{ , } N_A = 5 \times 10^{15} / cm^3 \text{ , } \phi_p = 0.33 \text{ V } \text{。}$$

$$|Q_d| = \sqrt{2 \in_S q N_A (2\phi_p)} \text{ 得}$$

$$\frac{|Q_d|}{C_{ox}} = \frac{d \sqrt{2 \in_S q N_A \phi_P}}{\in_{ox}} = \frac{10^{-5} \sqrt{4 \times 1.2 \times 10^{-12} \times 1.6^5 \times 10^{-4} \times 0.33}}{3.5 \times 10^{-13}} = 1 \text{ V}$$

$$2\phi_p + \frac{|Q_d|}{C_{ox}} = 1.66 \text{ V} \text{ ，得 } V_T \approx 0.3 \text{ V}$$

但為保險起見，最好將 V_T 設在 1V 以上，則基板摻雜 N_A 要提高到 $2 \times 10^{16} / cm^3$ 以上。這樣高之基板摻雜有些缺點會影響 NMOS 之表現，比如基板電容增加以及汲極基板潰電壓降低。另外更複雜的是 p 型基板長氧化層時，硼會優先進入氧化層，在矽表面造成硼之缺乏（N_A 變小），故很難做出 V_T 為正之 NMOS。此時若增加氧化層厚度來降低氧化層電容 C_{ox} 雖可調高 V_T，但會降低MOSFET 元件之增益 g_m。另外若增加基板電壓 V_B（負值），則 $|Q_d| = \sqrt{2 \in_S q N_A (2\phi_P + V_S - V_B)}$ 會增加，可以調高 V_T，但這種設計需多加一電壓供應器不是很好之設計，因此早期以 PMOS IC 為主。

8.5.2.2 離子佈植技術的發展

　　直到離子佈植技術發展出來，可以在 Si 表面 0.5 μm 內植入雜質濃度 N_A 很高之硼，則我們仍可選用摻雜很低之基板，而 V_T 是由表面之 N_A 所決定，故可獨立調整 V_T，由此在 1970 年代電路才漸漸改用 NMOS 元件。以下我們用一個例子來說明離子佈植的效用。

　　將硼離子在 60 KV 下植入 Si 中，形成一高斯分 $N_i(x)$，如圖 8.9 所示，

$$N_i(x) = \frac{N_O}{\sqrt{2\pi}\Delta R_P} \exp\left[\frac{(x - R_P)^2}{2(\Delta R_P)^2}\right] \tag{8.47}$$

N_O 為植入之總量，經過爐子或快速熱退火後，雜質分佈可能變寬、可能不變，通常用一方形分佈 N_{Ai} 來近似描述（$N_{Ai}x_i = N_O$）實際的分佈，如圖 8.9 所示。

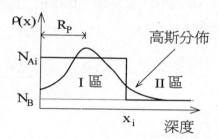

圖 8.9　離子佈植的分佈，圖中的 N_B 是基板本身原有的雜質濃度。

　　佈植雜質之總數及深度必須使表面變成強反轉時，空乏區寬度 W 比 x_i 要長。此時在 II 區 $(x > x_i)$ 解 Poisson 方程式得

$$\frac{d^2 V_2}{dx^2} = \frac{qN_B}{\epsilon_S}$$

$$V_2(x) = \frac{qN_B}{2\epsilon_S}(x - W)^2 \tag{8.48}$$

在 I 區

$$\frac{d^2V_1}{dx^2} = \frac{q(N_B + N_{Ai})}{2 \in_S} \quad , \quad 得 \frac{dV_1}{dx} = \frac{q(N_B + N_{Ai})}{\in_S}x + A_1$$

$$V_1(x) = \frac{q(N_B + N_{Ai})}{2 \in_S}x^2 + A_1x + A_2 \tag{8.49}$$

邊界條件有二:

(1) 在 $x = x_i$ 有 $\dfrac{dV_1}{dx} = \dfrac{dV_2}{dx}$, 所以

$$A_1 = \frac{-q}{\in_S}(N_BW + N_{Ai}x_i) \tag{8.50}$$

(2) 由 $V_1(x_i) = V_2(x_i)$ 得

$$A_2 = \frac{q}{2 \in_S}N_{Ai}x_i^2 + \frac{qN_B}{2 \in_S}W^2 \tag{8.51}$$

在強反轉層剛開始時,表面電位 ϕ_s 如圖 8.10 所示, $\phi_s = \phi_{pi} + \phi_p$,其中 ϕ_{pi} 是在離子佈植區域 E_i 與 E_F 之距離。

$$\phi_S = V_1(0) = \phi_{pi} + \phi_p = A_2 = \frac{q}{2 \in_S}\left(N_{Ai}x_i^2 + N_BW^2\right) \tag{8.52}$$

故空乏區最大寬度 W_{max} 為

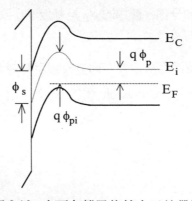

圖 8.10 表面有離子佈值之元件帶圖

$$W_{max} = \left[\frac{2 \in_S}{qN_B} \left(\phi_{pi} + \phi_p \right) - \frac{N_{Ai}}{N_B} x_i^2 \right]^{\frac{1}{2}} \tag{8.53}$$

只有當括弧內第二項小於第一項，W_{max} 才有實數解，表示 $W_{max} > x_i$。儲存之電荷 Q_d 為

$$Q_d = -qN_{Ai}x_i - qN_B W_{max} = -qN_O - \left[2qN_B \in_S \left(\phi_{pi} + \phi_p \right) - q^2 N_{Ai} N_B x_i^2 \right]^{\frac{1}{2}} \tag{8.54}$$

此時臨界電壓 V_T 為

$$V_T - V_{FB} - V_B = \phi_S + \frac{qN_O}{C_i} + \frac{1}{C_i} \left[2qN_B \in_S \phi_S - q^2 N_B N_{Ai} x_i^2 \right]^{\frac{1}{2}}$$

此時表面電位 $\phi_S = \phi_{pi} + \phi_p + V_S - V_B$，代回上式得

$$V_T = V_{FB} + V_S + \phi_{pi} + \phi_p + \frac{qN_O}{C_i} + \frac{\sqrt{2q \in_S N_B}}{C_i} \left[\left(\phi_{pi} + \phi_p + V_S - V_B \right) - \frac{qN_O}{2 \in_S} x_i \right]^{\frac{1}{2}}$$

$$\tag{8.55}$$

由 (8.55) 式可知要提高 V_T，現在多了幾項可以做到。第一，ϕ_{pi} 隨摻雜 N_{di} 之提高而增加，但為對數增加故其值不大。第二項為 qN_O/C_i 項與 N_O 成正比線性增加，為提高 V_T 最重要一項。最後一中多了一個負項 $-qN_o x_i / 2 \in_s$ 會降低 V_T 且其值與 x_i 有關，經實際計算發現其降低得有限。例如元件參數如取下面數值：

$N_O = 10^{11} / cm^2$ ，$x_i = 0.1 \ \mu m$ 到 $0.6 \ \mu m$ ，$N_B = 2 \times 10^{15} / cm^3$, $d = 900 \ \text{Å}$,

$\phi_p = 0.305 \ V$, $\phi_{pi} = 0.355 \ V$ 。

$$\frac{qN_o}{C_i} = \frac{1.6 \times 10^{-19} \times 10^{11} \times 9 \times 10^{-6}}{3.5 \times 10^{-13}} = 0.41 \ ,$$

$$\frac{qN_o}{2 \in_s} x_i = 0.067 \left(x_i = 0.1 \ \mu m \right)$$

$$= 0.4 \left(x_i = 0.6 \ \mu m \right)$$

故 (8.55) 式最後一項在 $x_i = 0.1 \ \mu m$ 時為 0.54 V ，在 $x_i = 0.6 \ \mu m$ 為0.35 V ，與沒有佈植時之值 0.57 V 相比相差各為 0.03 及 0.22 V。故佈植後臨界電壓改變各為 $\Delta V_T = 0.43 \ V \ (x_i = 0.1 \ \mu m)$ 及 $0.24 \ V \ (x_i = 0.6 \ \mu m)$，的確有相當作用。

8.5.2.3　多晶矽閘極之發展

　　MOS 技術中一個很重要的突破是用多晶矽來取代金屬做為閘極，它的優點很多，例如閘極可以在擴散或離子佈植源汲極前做好，閘極本身可做為離子佈植之防護罩，因此源（汲）極與閘極自我對準 (self-alignment)，可以降低源汲極電阻及重疊電容。另外由於矽金屬能耐高溫，故做好之元件上可加一層玻璃保護罩而不會損傷到閘極，這將增加元件之穩定度。除此之外，多晶矽可用做連線，其上可長氧化層。上面可再做金屬或多晶矽連線，交叉而過，可縮小 IC 面積。它的缺點是片電阻 (sheet-resistance) 較高 R > 10 Ω，RC 常數大。在 VLSI 中當閘極長度愈做愈小時，會有很大問題，因此近年來均發展在閘極上面沈積一層高溫金屬 (Mo, W, Ta) 形成 silicide, Ro 可降到 $1 \sim 3\Omega / \square$。

8.6　MOSFET 積體電路元件

　　當 MOSFET 用做積體路元件時，其結構及電路會有一些特殊考慮，現討論如下：

1.　LDD (Lightly doped drain-source) IGFET 結構

　　　　當元件愈做愈小時，IGFET 之崩潰電壓、熱電子效應及衝擊游離 (impact ionization) 等現象均愈來愈嚴重，其發生的地點是在 n 道道接近汲極之處，因為此處電場最強。為改善此問題，可以採用 LDD 的結構，其結構

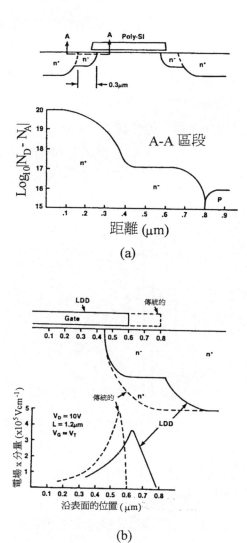

圖 8.11　(a) LDD IGFET 與(b)汲極附近電場分佈圖。(錄自：S. Ogura, P.

Tsang, W. W. Walker, D. L. Critchlow, and J. F. Shepard, IEEE Journal

of Solid-State Circuits, SC-15, 424, 1980)

如圖 8.11(a) 所示，在 p 型通道接近 n⁺ 汲極及源極之處各做一 n⁻ 區，這樣在汲極附近之電場強度可以降低，如圖 8.11(b) 所示。在源極附近之 n⁻ 區可以不要，但這樣在製做程序上較麻煩需多一道光罩。圖 8.11(a) 之 LDD 結構，最短通道長為 1.2 μm， n⁻ 區有 0.3 μm長，可以在 8.5V 之汲極電壓下操作，還不會產生熱電子效應。而傳統之 IGFET 在 1.5 μm下，只能以 5V 之汲極電壓操作。

2. NMOS 積體電路元件

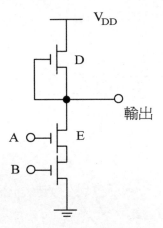

圖 8.12　增強型 MOSFET 與用作負載的空乏型 MOSFET 電路。

在 1984 年以前，大部份的 Si VLSI 積體電路元件是以 NMOS 為主，如圖 8.12 所示為一標準的兩個輸入之 NAND 閘，用增強型 (enhancement mode) FET 做輸入，用空乏型 (depletion mode) FET 做負載，電路及製程都很簡單，為一高密度，高速之製程技術。故到密度到 64K 及 256K 之記憶元件如 SRAM (Static Random-Access-Memory) 及 DRAM (Dynamic RAM)，仍大部份用 NMOS 元件。SRAM 及 DRAM 之結構如圖 8.13 及 8.14 所示，SRAM 一個單位記憶元件 (flip-flop) 包含六個電晶體，故同樣的晶片面積

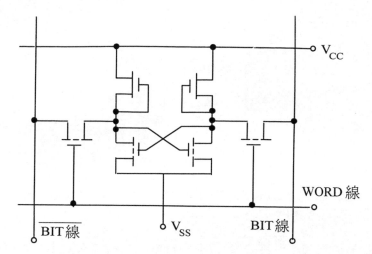

圖 8.13　SRAM 的電路圖。

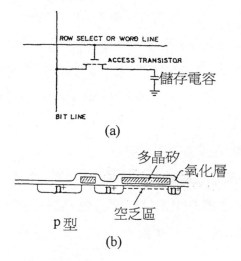

(a)

(b)

圖 8.14　DRAM 的 (a) 電路圖及 (b) 結構側面圖。(錄自：R. W. Hunt in M. J.
Howes and D. V. Morgan, Eds, Large Scale Integration, Wiley, New
York, 1981)

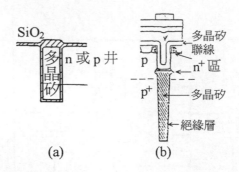

圖 8.15 (a) 深溝電容 (trench capacitor) 及 (b) 深溝電晶體

下，SRAM 之記憶單位較少。而 DRAM 僅用一個電晶體加一儲存電荷之電容，構造簡單，密度較大，一般與 SRAM 密度差 4 倍，即 4M DRAM 相當於 1M SRAM 之複雜度。

隨著積體電路之密度不斷增加，如 4Mbit 及 16Mbit DRAM 之閘極尺寸已縮小到 $0.75\mu m$ 以下，故 DRAM 中電容之面積也要不斷縮小，故其能儲存之電荷也逐漸減少，因此要正確判斷它是 "0" 或 "1" 也愈來愈困難。因此可以將是將電容做成垂直，叫深溝電容 (trench capacito) 如圖 8.15(a) 所示，這樣側面所佔面積約只有 1.3 x 1.5 μm (4M DRAM) ，但深到 8 μm ，故面積約有 0.3 μm^2 ，可儲存相當多電荷。

也可利用深溝電容之結構來做 NMOS 及電容，如圖 8.16(b) 所示，叫深溝 電晶體。此電晶體為一垂直結構，其源極直接接到深溝電容之 n^+ 多晶塞子 (plug)，p^+ 基極為電容另一極接地，如此一來密度可以更為提高。

3. CMOS (Complementary MOS) 積體電路

CMOS 是將 NMOS 與 PMOS 聯合做成單一電路元件之技術，其最主要目的是要降低元件所消耗之功率，目前用在密度為 256K DRAM 以上的記憶元件，其元件之結構如圖 8.16(a) 所示。當輸入電壓 V_I 不論為 V_{DD} (1) 或 0

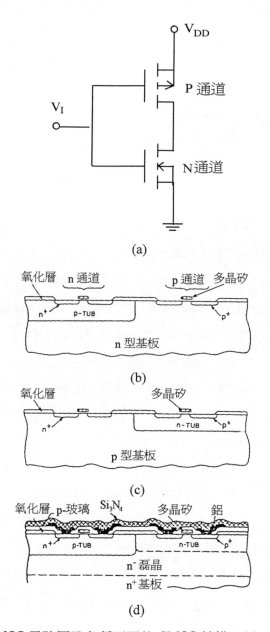

(a)

(b)

(c)

(d)

圖 8.16(a)　CMOS 電路圖及各種不同的 CMOS 結構，(a) p 型井(p-tub)，　(b)

n 型井 (n tub)，及 (c) 雙子井 (twin tub)。(摘自如圖 8.14)

時，總有一個 MOS 元件，或者是上面之 PMOS 或者下面之 NMOS 爲不導電，故在穩定狀態下不消耗功率。只有信號從 1 改變到 0 或 0 改變到 1 的中間，有瞬間的電流通而消耗功率。CMOS 此項優點使它在從 VLSI 到 ULSI 之發展中佔盡優勢，而成爲最重要之 IC 元件。圖 8.16(b), (c) 及 (d) 顯示了 CMOS 的三種結構，有在 n 型基板上，擴散或佈植 p 型井 (p-tub) 的 PMOS 技術或在 p 基板上做 n 型井 (n-tub)的NMOS 技術，也有在 n⁺ 基板上先長 n⁻或 p⁻ 磊晶，再做 n 及 p 型井叫雙子井 (twin tub) 技術。

不論如何，CMOS 之設計必須使 PMOS 及 NMOS 之電性相近，以避免不對稱發生，比如兩者截止電壓的絕對值必須一樣 $(V_{TP} = V_{Tn})$，導通時之電阻（通道電阻）要接近等等。現用 p 型井技術來考慮，則 p-tub 本身之摻雜要高到 $10^{16} / cm^3$ 以上，以克服基板之 n 型摻雜 $(2 \times 10^{15} / cm^3)$ ，故在 p 型井做成之 NMOS 特性較差(移動率較小)，但一般 NMOS 特性本來就比 PMOS 要好，故讓 NMOS 變差，正好可以與 PMOS 相配合。但另一種考慮則認爲任何電路都要各自擁有最好的表現，必須儘量利用每個元件之最佳特性，故用 n 型井做 PMOS 雖然特性更差，但 NMOS 可以做得很好，因此在電路中多用 NMOS 少用 PMOS（但仍爲 CMOS 電路），整個電路特性會更好。如用雙子井結構，則 NMOS 及 PMOS 特性可各自調整，前面所討論之限制可以取消。

另外 CMOS 會產生一嚴重問題，叫做閂住 (latch-up)，如圖 8.17 所示，CMOS 之結構會產生一橫向的 pnpn 元件，故當輸出端瞬間被雜訊降到 Vss 之下 0.7 V，則輸出端 n⁺ 所聯接之 極與 p 型井形成順偏之 pn 二極體，電子由 n⁺ 極注入 p 型井，而被掃入 n 型基板（npn 之集極）。當其流入 V_{DD} 之 n⁺ 極，沿途產生位降，當電位降超過 0.7V 則輸入端之 p⁺ 對 n 型基板變成順偏，電洞注入 n 型基板並流入 p 型井經 p⁺ 流出到 Vss ，若在 p 型井之電

流也能造成約 0.7 V 之位降，則達成正回饋 (positive feedback)，整個 pnpn
元件進入打開 (ON) 狀態有很大的電流流通，元件不再工作。

　　降低閂住 (latch-up) 問題的有效方法是降低 n 型基板之電阻，使電流流
所產生之電壓無法達到 0.7V，故可在 n 型基板長 n⁺ 型磊晶，讓電流通過
n⁺ 區，以降低電壓。

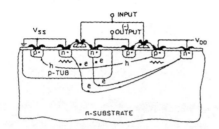

圖 8.17 CMOS 的 latch-up 問題。(摘自：同圖 8.14)

4.　BiCMOS 技術

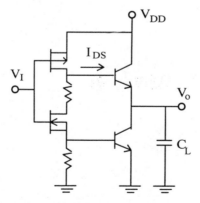

圖 8.18 BiCMOS 的基本電路

積體電路之走向雖以 CMOS 為主，但 CMOS 本身之驅動能力有限，且速度不是很快，因此若能夠將 CMOS 及雙極 (bipolar) 技術結合形成 BiCMOS 技術，則可用邏輯電路直接驅動周邊電路，速度也可以加快。其基本邏輯電路元件如圖 8.18 所示，而其元件結構則如圖 8.19 所示。

BiCMOS 與 CMOS 技術之比較來看，BiCMOS有較大的驅動力，有較小之信號處理能力，對製程之敏感度較低以及可兼具數位及類比之功用。BiCMOS 與雙極技術之比較，則 BiCMOS 有較大的元件密度，而且消耗較少的功率，是一具有潛力的技術。

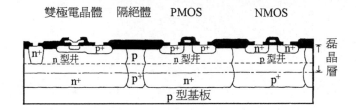

圖 8.19　BiCMOS 的元件結構

中文索引

(同一筆劃的字首按第二個字的筆劃順序排列)

十四畫

英文索引 (Index)

T

thermionic emission (TE), 26-32, 61-62, 76-79, 109

thermionic field emission (TFE), 76, 81-83, 94

totem-pole, 93

TTL, 93

W

Waibel, 61

WKB 法, 81-82

Wurtzite, 3

Z

Zincblende, 2

$ZnGeAs_2$, 8

ZnS, 3, 6, 8

ZnSSe, 6

ZnTe, 6